KB139594

바오 청소년 과학논쟁 01

청소년을 위한

지구 온난화 논쟁

바오 청소년 과학논쟁 01

청소년을 위한
지구 온난화 논쟁

2015년 12월 14일 초판 1쇄 발행
2022년 4월 25일 초판 6쇄 발행

지은이 | 이한음
펴낸이 | 이문수
편 집 | 이만옥
디자인 | 전지영
펴낸곳 | 바오출판사

등록 | 2004년 1월 9일 제313-2004-000004호
주소 | 서울시 마포구 신수동 448-6 한국출판콘텐츠센터 422-7호(04091)
전화 | 02)323-0518 / 문서전송 02)323-0590
전자우편 | baobooks@naver.com

ISBN 978-89-91428-21-8 44400
978-89-91428-20-1 (세트)

* 이 책은 한국출판문화산업진흥원의
2015년 '우수 출판콘텐츠 제작지원' 사업 당선작입니다.

바오 청소년 과학논쟁 01

청소년을 위한 지구 온난화 논쟁

이한음 지음

과학 논쟁을 시작하면서

해마다 노벨상 수상자가 발표되고 나면, 왜 우리는 받지 못하는가 하는 이야기가 난무한다. 그러면서 으레 연구 개발의 토대 부족, 조급한 성과주의, 다양성을 인정하지 않는 획일적인 사회 분위기 등을 원인으로 지적한다. 당연히 그런 문제들을 해소해야 한다는 것이 처방으로 제시된다.

하지만 그런 처방 중에 거의 언급되지 않고 있는 중요한 것이 하나 있다. 바로 과학이 합리적이고 논리적인 사고 방식을 토대로 하고 있다는 사실이다. 과학은 인간뿐 아니라 우주 자체가 수학적 논리와 합리성을 토대로 구축되어 있다고 본 서양 계몽주의의 산물이다. 입증하거나 반박하는 자료를 찾아내고 제시하면서 합리적이고 이성적으로 파헤치고 따지고 하는 과정 자체가 과학의 본질적인 특성이다.

그런데 우리는 어떨까? 누군가가 근거를 대면서 꼼꼼하게 따지려 들면, 상대방은 버럭 소리를 지르거나, 나이나 권위나 경험을 내세우면서 윽박지르기 일쑤다. 한 마디로 목소리가 크면 이긴다는 생각이 우리 사회에는 만연해 있다. 게다가 논거도 없이 그냥 편협한 생각을 뜬금없이 내뱉고서, 아니라는 증거가 드러나면 오히려 목소리를 더 높여서 우기는 사례도 흔히 볼 수 있다. 이런 사회 분위기에서 꼼꼼히 살펴보고 차분하게 조곤조곤 따지려는 사람은 말문이 막히게 되고 그의 의견은 묻혀 버린다.

이런 여건에서 우리나라의 누군가가 과학 분야의 노벨상을 받는다면, 그것은 국내 과학의 발전을 보여 주는 사례가 아니라 그저 요행일 뿐이다. 우리가 원하는 것이 그런 요행이라면, 차라리 받지 않는 게 나을지 모른다. 과학을 보는 시각을 더욱 왜곡시킬 가능성이 크기 때문이다.

과학은 사회와 무관하지 않다. 합리적이고 이성적인 논의가 사회를 지배할 때, 창의적인 사고로 이어지는 다양한 생각과 관점도 꽃을 피울 수 있다. 권위에 기댄 근거 없는 주장이 아니라 나름의 타당한 근거를 토대로 합리적인 논쟁을 펼칠 수 있어야 한다.

이 과학 논쟁 시리즈의 목적은 어느 주장이나 논증이 옳음을 말하는 데 있지 않다. 나름의 근거를 들어서 합리적인 주장을 어떻게 펼칠 수 있는지를 보여 주는 데 있다. 상대의 논거를 제대로 듣고, 마찬가지로 합리적인 논거를 들어서 반박하는 과정이야말로 과학이 발전할 수 있는 굳건한 토대다. 미약하나마 이 시리즈가 상대의 말꼬리나 실수를 물고 늘어지는 것을 논쟁에서 이기는 수단으로 여기는 천박한 태도에서 벗어나서, 과학적이고 합리적으로 상대방 논리의 허점을 파고드는 태도를 기르는 데 도움이 되었으면 한다.

시작하기 전에

지구 온난화란 무엇인가?

논의를 시작하기에 앞서 지구 온난화가 무엇인지, 왜 문제가 되는지를 짧게 살펴보자.

지구의 기후는 태양과 지구의 대기가 만들어 내는 합작품이다. 태양에서 오는 복사선은 지표면을 따뜻하게 데운다. 데워진 지표면은 적외선을 방출하며, 적외선은 대기 바깥 우주로 빠져나간다. 그런데 빠져나가던 적외선 중 일부는 대기의 온실가스에 막혀서 머물게 된다.

이 온실가스는 담요처럼 지구를 뒤덮어서 적외선을 가두거나 다시 지표면으로 돌려보냄으로써 지구를 따뜻하게 한다. 이것이 온실효과다. 온실가스가 없었다면 지구는 지금보다 훨씬 추웠을 것이다. 햇빛은 적도를 가장 덥히며, 적도의 열기는 대기와 바다의 흐름을 통해 극지방으로 옮겨 간다. 그럼으로써 세계의 기후와 날씨가 정해진다.

온실가스는 이산화탄소, 메탄, 질소산화물, 염화불화탄소 등 여러 종류가 있는데, 산업혁명 이래로 대기의 온실가스는 계속 증가해 왔다. 온실효과를 일으키는 데 가장 중요한 역할을 하는 온실가스는 이산화탄소다. 대기 이산화탄소는 화석연료 연소, 숲 파괴 같은 인간 활동으로 크게 증가해 왔다. 1750년대 이래로 약 40퍼센트가 늘었다. 그 결과 짙어진 온실가스가 적외선을 더 많이 가둠으로써 지구의 기온은 더 올라갔다.

1880년 이래로 세계 평균 기온은 섭씨 0.9도 상승했다. 그리고 한 해가 지날 때마다 기온이 가장 높았던 해라는 말이 따라붙는다. 몇 년 안에 기온 증가분이 마침내 1.0도를 넘어설 것이라는 전망이 나오고 있다. 아주 작은 변화처럼 보이지만, 이 속도는 지난 1만 년 동안 일어난 기온 변화 속도와 비교하면 훨씬 빠르다. 참고로 세계 각국은 2.0도를 파국을 막을 마지노선으로 여기고 있다.

최근 10년간은 1만 년 동안 가장 따뜻한 시기였다. 온난화가 일어나면 적도에서 남북극으로 열이 전달되는 과정이 더욱 격렬해진다. 그러면 대기와 바다의 순환에도 영향이 미치며, 태풍과 홍수와 가뭄 같은 극단적인 날씨 현상도 잦아지면서 각 지역의 날씨에 변화가 일어난다.

인류가 지금처럼 온실가스를 계속 배출한다면 금세기 말에는 기온이 1.1~6.4도 올라갈 것으로 예측되고 있다. 그러면 해수면이 상승하여 해안의 많은 도시들이 피해를 입을 것이고, 엄청난 수의 환경 난민이 생길 수 있다.

우리는 이처럼 지구 온난화가 엄청난 재난을 불러올 수 있다는 경각의 목소리에 아주 익숙하다. 하지만 그런 일이 실제로 벌어질 가능성이 희박하다고 보는 쪽도 있다.

이 책에서는 양쪽이 온난화에 관한 쟁점들을 놓고 서로 저마다 근거를 대면서 논쟁을 펼친다. 확고한 과학적 자료가 있는 사례도 있고 지엽적인 자료나 입맛에 맞는 자료만 제시하는 사례도 있다. 빈약한 자료를 억지로 끼워 맞춘 사례도 있다. 온난화와 기후 변화가 엄청난 자료와 분석을 필요로 하는 복잡한 문제이기 때문에 그런 주장들이 다 나올 수 있다. 중요한 점은 과학이 그런 주장들을 받아들이거나 반박할 때 실험과 모형 분석을 토대로 한다는 사실이다. 실험 결과를 따른다는 것이 과학과 맹목적인 신념의 차이점이다. 각자의 주장 중에서 실험과 분석을 통해 확실하게 입증된 사실이 무엇인지도 생각해 보자.

차 례

지구 구석구석을 살피면

어떻게 해결책을 찾을까

지구 전체를 들여다보면

온난화는 지구 전체의 문제이기도 하다.
인류가 지구 전체에 영향을 미치는
존재가 되어 있음을 보여 주는 대표적인 사례다.
유감스럽게도 그 영향은 좋지 않은 쪽이다.

이건 누구 탓

"꼭 인류 때문만은 아냐?"

1880년 이래로 지구 평균 기온이 약 0.9도 올라갔다는 과학적 사실을 부정할 생각은 없다. 지구가 전반적으로 따뜻해지고 있다는 것은 사실이다. 이산화탄소와 메탄 같은 온실가스가 지구를 따뜻하게 데운다는 것도 분명하다. 하지만 지구가 더워지는 원인을 한쪽으로만 해석하는 것은 편협한 시각이 아닐까?

온난화 위기를 이야기하는 사람들은 인류 활동이 바로 이 지구 기온 증가의 주된 원인이라고 단정한다. 하지만 지구 기온이 증가하는 원인은 여러 가지가 있을 수 있다. 평균 기온이 약 0.9도 상승한 것이 과연 전부 인류만의 탓일까? 즉 지구 평균 기온이 올라갔다는 과학적 사실이 옳으냐 하는 물음과 산업혁명 이래로 약 250년 동안 인류가 화석연료를 쓰면서 배출한 온실가스가 온난화에 얼마나 큰 영향을 미쳤느냐는 물음은 성격이 다르다.

100년이나 수백 년이 아니라 더 긴 지질학적 시간에서 보면, 지구 기후가 주기적으로 변동을 거듭했다는 것을 알 수 있다. 때로 심하게 변한 시기도 있었다. 지표면의 대부분이 얼음으로 뒤덮였던 눈덩이 지구 시기도 있었고, 육지에 빙하가 거의 없던 시기도 있었다. 또 최근 수십만 년 동안 지구는 빙하기와 간빙기를 번갈아 거쳐 왔다. 우리가 지금 빙하기 사이에 놓인, 기온이 따뜻한 간빙기를 살고 있다는 것도 잘 알려져 있다. 따라서 길게 볼 때 지구 기온이 심하게 변동한다는 것은 엄연한 과학적 사실이다.

현재 지구 기온이 상승하고 있다는 것은 분명하지만, 그것이 이런 장기적인 주기나 추세의 일부일 수도 있지 않을까? 약간 더 과장해서 말하자면, 어떤 이유인지는 잘 몰라도, 현재 우리가 살고 있는 따뜻한 간빙기의 기온 상승 추세가 좀 더 오래 이어지는 것일 수도 있지 않을까?

또 태양이 오랜 세월에 걸쳐 서서히 더 밝아져 왔다는 점도 고려할 필요가 있다. 지난 100년 동안의 평균 기온 증가분의 절반 이상이 태양의 밝기 증가라는 자연적인 추세 때문이라는 연구 결과도 나와 있다. 따라서 인류가 배출한 온실가스는 그저 이런 장기 추세를 조금 더 부추기는 것일 뿐 주된 역할을 하는 것이 아닐지도 모른다.

지구 기후가 장기적으로 심한 변동을 보인 것은 사실이다. 또 최근의 지질시대에 약 1만 1천 년 간격으로 지구가 빙하기와 간빙기를 번갈아 겪었다는 것도, 인류가 빙하기를 겪은 뒤 지금 간빙기를 살고 있다는 것도 맞다. 하지만 그런 주장은 논점을 흐릴 뿐이다. 주인은 지금 반려견이 아파서 애가 타는데, 옆에서 수십 년 전에 자기 할아버지가 기르던 개도 종종 앓았고, 역사적으로 볼 때 개란 동물은 본래 온갖 질병을 앓아 왔다고 참견하는 것이나 다름없다. 그런 말은 지금 시급한 문제를 해결하는 데 도움이 전혀 안 될 뿐 아니라, 문제를 더 악화시킬 수도 있다. 주인이 그런가 보다 하고 아픈 강아지를 방치해 버리면 어떻게 될까?

온난화라는 문제를 논의할 때 우리가 다루는 기간은 짧으면 수십 년, 길어야 100년에 불과하다. 지금 우리 자신과 아이들, 손자들이 살아가는 지금과 가까운 미래가 논의의 대상이다. 지금의 온난화 추세가 계속된다면, 그 기간에 지구 환경에 걷잡을 수 없는 변화가 일어나고 돌이킬 수 없는 결과가 빚어질 것이라고 예상되기 때문이다. 즉 길어야 앞으로 100년 이내에 일어날 변화가 인류의 미래를 좌우할 것이다.

사실 그 이상의 기간은 현재의 우리 지식으로는 예측이 거의 불가능하다. 500년, 1만 년 뒤의 미래도 얼마든지 미래학이나 과학적 논의의 대상으로 삼을 수는 있다. 그러나 온난화는 앞으로 30년, 50년, 100년 이내에 인류가 어떤 위기 상황에 처할 것인가 하는 단기적인 문제로 봐야 한다.

태양의 밝기 증가가 지구 기온 상승에 기여했을 수는 있다. 하지만 그것이 현재의 기온 상승에 중요한 역할을 했다는 주장은 지난

지구 평균 기온 변화 (NASA)

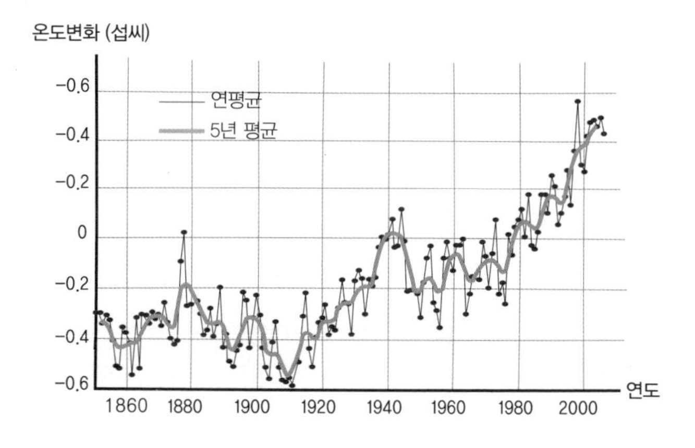

1천 년 동안의 기온 변화 양상을 살펴보면 맞지 않는다는 것이 드러난다.

최근을 제외하고 지난 약 850년 동안 지구의 평균 기온은 사실 조금씩 하향 추세를 보였다. 그러다가 1850년부터 화석연료를 태우는 산업이 본격적으로 활기를 띠면서 기온이 상승 추세를 띠기 시작했다. 게다가 상승 추세는 1970년대부터 더욱 가속되고 있다. 즉 이 상승 추세는 태양의 밝기 증가가 아니라 인류가 배출한 온실가스의 양에 비례한다.

45억 년에 걸친 기나긴 지구 역사를 보면, 지구의 기온은 변이 폭이 아주 크다. 화산이 분출하는 곳을 제외하고 온통 얼음으로 뒤덮인 시대도 있었고, 대량 멸종이 일어날 만큼 기온이 급격히 상승한 시대도 있었다. 그에 비하면 이른바 인류세(인류가 지구에 대규모로 영향을 끼치기 시작한 시대, 정확히 언제부터인지는 아직 합의가 안 되어 있다)에 현 인류가 끼치고 있는 영향은 미미해 보이기도 한다. 평균 기온이 겨우 1도쯤 오르는 것에 호들갑을 떠는 듯하다. 이처럼 우리가 흔히 쓰는 수 범위가 우리에게 착각이나 혼란을 주는 사례가 또 있을까?

농업 생산

"오히려 식량 생산이 늘었다면?"

온난화를 우려하는 이들은 지구 기온이 상승하면 농업에 피해가 온다고 말한다. 물론 온난화가 일어나면 사막 면적이 늘어나서 경작지가 줄어들 수 있다. 또 현재 각 지역의 기후에 적응해 있는 작물이 열 스트레스를 받아 제대로 자라지 못할 수도 있다. 열파에 타들어 가거나 가뭄이 길어져서 말라죽을 수도 있다.

하지만 지구 전체로 보면 온난화는 경작지 면적을 더 넓히는 효과가 있다. 평균 기온이 올라가면 추위가 너무 심해서 땅이 얼어붙은 곳이나 봄과 여름이 짧아 작물이 제대로 자랄 수 없던 지역에서도 경작이 가능해질 것이다. 북반구의 시베리아 같은 곳의 영구 동토층이 녹으면, 드넓은 경작지가 새로 생기는 셈이다. 그리고 현재 여름이 짧아 일모작만 할 수 있는 지역에서 이모작이나 삼모작이 가능해져서 단위 면적당 수확량이 크게 늘 수도 있다.

또 대기 이산화탄소는 비료 효과를 일으킨다. 물이 충분할 때 식물의 생장은 주로 빛, 온도, 이산화탄소에 좌우된다. 최대 한계가 있긴 하지만, 햇빛의 양이 늘고, 기온이 올라가고, 대기 이산화탄소 농도가 증가할수록 작물은 더 잘 자란다. 따라서 지구 온난화는 기온을 높일 뿐 아니라 대기 이산화탄소 농도를 증가시킴으로써 이중으로 작물의 생산량을 늘릴 수 있다. 또 이산화탄소 농도와 기온이 증가하면 작물이 물을 이용하는 효율도 높아짐으로써 물을 더 적게 쓰면서 자랄 수 있다.

IPCC는 몇 가지 온난화 시나리오를 상정해 놓고 곡물의 생산량을 예측한 적이 있다. 농민들이 아무 대처도 하지 않은 채 지금처럼 농사를 짓는다는 시나리오에서는 곡물의 생산량이 11~20퍼센트 줄어들 것이라고 했다.

하지만 이 시나리오는 터무니없다. 온난화로 날씨가 따뜻해지고 생장 기간이 길어져서 3월에 씨를 뿌려야 맞는 상황이 되었는데, 예전처럼 4월에 씨를 뿌릴 농민은 없기 때문이다. 농민은 파종과 수확 시기, 품종과 작물 종류 교체, 비료와 농약을 주는 시기 등등 그때그때 방법을 바꾸어 대처한다. 거기에다 이산화탄소와 온도 증가에 따른 생산량 증가 효과도 있다. 이런 점들을 고려한 시나리오에서는 농업 생산량이 현재 수준과 비교해 별 변화가 없는 것으로 나타났다.

여기서 식량 생산량 증대 효과가 거의 없는 이유는 선진국에서는 생산량이 늘어나지만 그 외의 나라에서는 생산량이 줄어들어 상쇄되기 때문이다. 농업 기반 시설이 잘 갖추어져 있고 품종 개량 기술을 갖춘 선진국은 온난화가 촉진하는 식물 생장 증가분을 잘 활용할 수 있다. 반면에 농업 기반 시설이 취약하고 작물 전염병 등에 잘 대처할 수 없는 나라에서는 온난화로 오히려 농업 생산량이 줄어들 가능성이 높다. 따라서 농업 생산량 분야에서도 문제가 되는 것은

IPCC

1. 기후 변화에 관한 정부간 협의체. 기후 변화 지식이 국제적인 관심사가 된 것은 1980년대 말부터인데 1988년 유엔 기관인 IPCC가 설립됨.
2. 기후 변화가 일어나는 과정의 과학적 증거를 찾고, 가능한 효과, 의미와 대처 방안을 모색하는 일을 함.
3. 1990년 이래로 다섯 차례 평가 보고서를 냄. 추세의 특성과 원인이 점점 확실해지고 있으며, 앞으로 어떤 일이 벌어질지를 담은 보고서임.
4. 5차 보고서는 온실가스 증가가 20세기 후반부에 나타난 기온 증가 대부분의 원인이며, 온실가스 배출이 앞으로 수십 년 동안 이어지면서 금세기 말에는 기온이 섭씨 4.8도 높아질 것으로 예측.

온난화 자체가 아니라 국가의 대응 능력이라고 봐야 한다.

이 문제를 논의할 때에는 앞으로 저개발국과 개발도상국이 지금보다 훨씬 더 경제 발전을 이루고, 새로운 품종과 작물이 나오고, 날씨에 덜 구애받는 농사법이 개발될 것이라는 점도 고려해야 한다. 머지않아 식량 부족 사태가 벌어질 것이라는 주장이 흔히 나오는데, 주된 이유는 온난화가 아니라 지나친 경작으로 땅이 척박해지고, 농업용수가 부족해지고 있기 때문이다.

온난화는 지역에 따라서는 강수량을 늘림으로써 농업용수 부족을 어느 정도 해결할 수 있다. 그리고 척박해진 토양은 늘어나는 식물 잔해를 퇴비로 만들어서 토양에 뿌리면 도움이 될 것이다. 또 늘어난 작물 중 이용하지 않는 부분을 지하에 저장하는 방법을 쓰면, 온난화 위기론자들이 주장하는 대기 이산화탄소를 제거하는 데에도 도움이 될 수 있다.

물론 작물의 품종이나 종류를 교체해야 하고, 파종 시기와 수확 시기를 조절하고, 비료와 해충 방제를 비롯하여 농법을 바꾸어야 하는 등의 문제가 있을 수 있지만, 그런 문제들은 현재의 과학기술로 얼마든지 해결할 수 있다. 열파나 가뭄에 더 잘 견디는 품종을 선택하고 더 효율적인 관개 방법을 택한다면, 온난화의 피해를 줄이면서 더 많은 작물을 수확할 수 있을 것이다.

과연 그럴까? 그 주장은 구체적인 사례를 제시하지 않은 일반론일 뿐이다. 여름이 오면 더워지고 겨울이 오면 추워진다는 말이나 다를 바 없다. 그런 말은 여름과 겨울에 어느 지역의 날씨와 기온이 어떠한지 거의 알려 주지 못한다. 기온과 이산화탄소 양 변화가 구체적으로 개별 작물에 미치는 영향은 그런 일반론으로 설명되지 않는다. 첫째, 기온과 이산화탄소 증가가 곧바로 작물 수확량 증가로 이어지는 것은 아니다. 둘째, 기온과 이산화탄소 증가의 효과는 작물에 따라 다르다.

기온과 대기 이산화탄소 농도 증가로 작물의 생장이 촉진되고 생산량이 증가한다는 점은 분명하지만, 주된 증대 효과는 우리가 주로 먹는 낟알 부분이 아니라 줄기와 잎에서 나타난다. 즉 줄기가 웃자라고 잎이 많이 난다. 물론 그 결과 맺는 낟알의 수도 덩달아 늘어날 수 있지만, 낟알 하나의 크기와 그 안의 양분은 오히려 줄어들 수도 있다.

우리가 주식으로 삼고 있는 쌀, 밀, 옥수수는 낟알이다. 게다가 작물은 한 개체씩 따로 심는 것이 아니므로 단위 면적당 생산량을 따져야 한다. 단위 면적당 자라는 작물의 수는 한정되어 있으므로, 줄기와 잎이 많아진다고 해서 일정한 면적의 논이나 밭에서 수확량이 크게 늘어나는 것은 아니다.

기온과 이산화탄소 증가로 벼의 줄기가 굵어지고 잎이 많아지면, 그만큼 논에는 벼가 빽빽하게 자랄 것이고 각 벼가 받는 햇빛의 양은 줄어들 수 있다. 또 작물이 잘 자라기 위해서는 그만큼 비료를 많이 주어야 하며, 기온 증가로 작물 해충의 피해도 늘어난다는 점을 염두에 두어야 한다. 따라서 온난화는 목초지의 생산량 증가에는 도움을 줄 수 있어도, 곡물 생산량은 기대하는 것만큼 늘지 않을 수 있다.

또 온난화에 따라 극단적인 날씨 변화가 잦아진다는 점도 고려해야 한다. 온난화가 일어나면 작물의 생장기에 폭우가 내리는 날이 많아져서 제대로 햇빛을 받지 못하거나 물에 잠길 수도 있고, 가뭄이 심해져서 말라죽을 수도 있다. 열대나 아열대의 특정 지역에 한정되어 있던 작물 해충이 대규모로 퍼져서 큰 피해를 입힐 수도 있다. 선진국은 파종 시기 변화, 작물 대체, 관개 시설 개선 등을 비교적 쉽게 할 수 있겠지만, 그 외의 나라들은 그렇지 못할 수 있다. 게다가 경작지 중에는 해안에 접한 삼각주에 자리한 곳이 많으므로, 온난화로 해수면이 상승하여 침수될 가능성이 높다.

또 작물의 문화적, 역사적, 사회적 특성도 고려해야 한다. 생육환경이 달라졌다고 해서 대대로 먹어 온 곡식이나 채소, 과일을 다른 것으로 금방 교체하지는 못한다. 무와 배추 대신에 난대성 채소로 김치를 담그면 된다는 말은 음식의 전통 문화적 측면을 도외시한 것이다.

그리고 무엇보다도 온난화가 농업에 유익할 수 있다는 주장은 작물이 변화에 적응할 만큼 기온이 서서히 높아진다는 가정하에서 나온 것이다. 즉 앞으로 100년 동안 기온이 1.5도 상승한다는 가장 온건한 시나리오를 전제로 한다. 그럴 때에도 열대 지역에서는 농업 생산성 감소가 불가피하다. 하지만 온난화는 그보다 더 빨리 일어날 수도 있다. 작물이 미처 적응하지 못할 만큼 기온이 빠르게 상승할 가능성도 얼마든지 있다. 그러면 심각한 식량난이 닥칠 것이다.

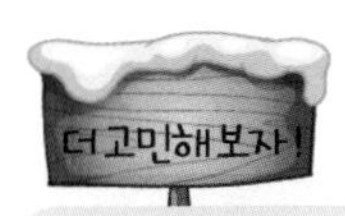

여러 요인들이 복잡하게 얽혀서 작용하는 문제에서는 일반론이 들어맞지 않거나, 오히려 문제의 심각성을 가리는 역할을 할 수도 있다. 대기 이산화탄소 농도 증가와 온난화가 식물의 생장에 도움이 될 수 있다는 일반론을 우리나라의 상황에 적용해 보자. 온난화가 우리나라의 숲과 식물에 미치는 영향을 다룬 뉴스들은 인터넷에서 많이 찾아볼 수 있다.

바다

"해수면이 상승하여 섬과 해안 도시가 물에 잠긴다?"

온난화가 일어나면 해수면이 상승한다는 것은 분명하다. 그런 과학적 사실까지 부정하지는 않는다. 해수면이 1961년부터 2003년 사이에 해마다 약 1.8밀리미터씩 상승했고, 1993년부터 따지면 약 3.1밀리미터씩 상승한 것은 분명하다. 하지만 그것이 어떤 장기 추세를 반영하는지는 불분명하다. 그리고 앞으로 100년 동안 해수면이 얼마나 상승할지는 논란의 여지가 있다.

온난화를 지나치게 우려하는 이들은 그린란드와 남극 대륙의 빙하가 녹아서 수십 년 사이에 해수면이 5미터까지 상승할 수도 있다고 말한다. 온난화가 심하면 두께가 4킬로미터에 이르는 남극 대륙

동부의 빙하까지 다 녹아 해수면이 무려 50미터까지 상승한다는 예측마저 나오고 있다.

물론 그들은 그런 일이 100년 이내에 일어날 가능성은 적다고 단서를 붙이기는 하지만, 그런 예측이 사람들에게 공포심을 불러일으킨다는 것은 분명하다. 수세기가 지나면 어차피 화석연료 대신 온실가스를 배출하지 않는 친환경 에너지가 주류를 이룰 텐데, 굳이 그런 예측까지 해서 사람들의 불안을 자극할 필요는 없지 않을까?

또 그들이 내놓는 해수면 상승의 예상값이 너무 오락가락해서 신뢰가 가지 않는 부분도 있다. 처음에는 해수면이 적어도 수미터 상승하여 많은 해안 도시들이 물에 잠긴다는 충격적인 예측을 하더니, 그 뒤로는 점점 수치를 낮추어 왔다. 가장 온건한 시나리오에 따르면, 앞으로 100년 동안 겨우 20~50센티미터 상승할 뿐이다.

지금의 인류는 그 정도라면 충분히 대처할 수 있을 것이다. 경제적인 면으로 생각해 보라. 해수면이 높아지고 해일이나 태풍 때 물에 잠기는 횟수가 늘어나면 해안 저지대의 부동산 가격은 점점 하락할 것이다. 대신에 그보다 더 높은 지대의 부동산 가격은 상승할 것이다. 그러면 저지대보다 고지대 쪽에 더 많은 건설과 투자가 이루어지면서 사람들은 점점 고지대로 이주할 것이다.

이런 점진적인 과정을 통해 인류는 해수면 상승의 피해에 대처할 수 있다. 또 해수면이 상승하면 정부와 자치단체는 당연히 방파제 같은 시설을 설치하여 대비할 것이다. 남태평양의 섬나라처럼 물에 잠기는 곳도 있겠지만, 원래 인구가 적으므로 이주 등을 통해 충분히 대책을 마련할 수 있다.

해수면을 상승시키는 주된 요인은 수온 증가에 따른 바닷물의 열적 팽창과 민물의 유입 두 가지다. 해역과 수심에 따라 다르긴 하지만, 기온이 1도 오르면 바닷물의 온도가 올라 부피가 늘어나면서 해수면이 약 10~20밀리미터 상승한다. 열적 팽창은 오랜 기간에 걸쳐 서서히 이루어지므로 어느 정도 예측할 수 있다.

하지만 눈과 얼음이 녹아서 유입되는 물의 양이 얼마나 될지는 예측하기가 쉽지 않다. IPCC의 2014년 보고서에 1986~2005년을 기준으로, 2100년에 해수면이 28~98센티미터 상승한다고 예측하는 시나리오도 실려 있다는 것은 사실이다. 하지만 거기에는 육지의 빙하가 어떻게 될지 알 수 없다는 단서가 붙어 있다.

얼마 전까지도 많은 학자들은 남극 대륙의 빙하가 무너질 가능성이 거의 없다고 생각했다. 하지만 2002년 남극 대륙 서부의 라센B 빙붕이 며칠 사이에 무너졌다. 남극 대륙 서부에는 단단한 땅 위에

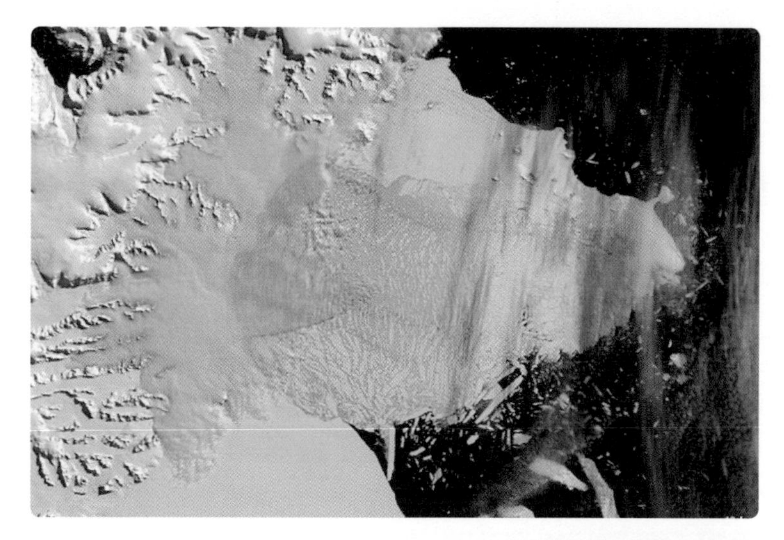

라센B 빙붕의 붕괴 전 모습

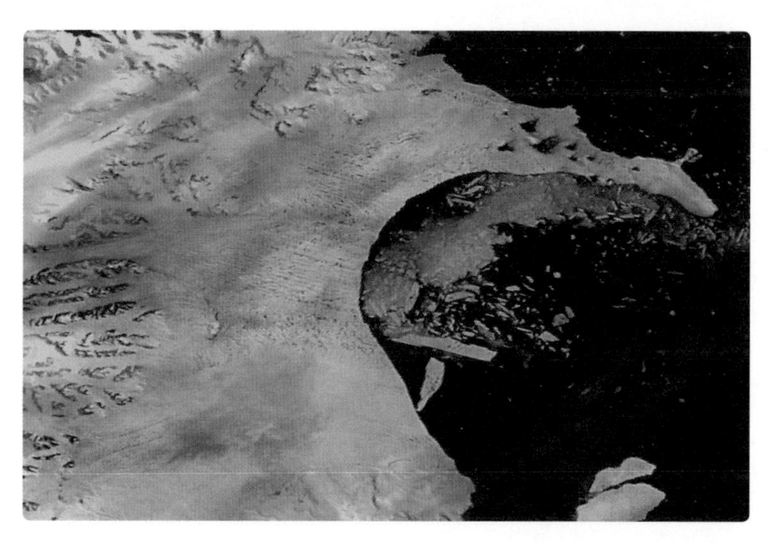

라센B 빙붕의 붕괴 후 모습

쌓인 것이 아니라 바다 위에 떠 있는 거대한 빙붕들이 있다. 라센A와 라센B를 비롯한 세 개의 빙붕은 이미 무너졌다. 남아 있는 로스 빙붕과 론 빙붕까지 무너진다면 엄청난 일이 벌어질 것이다. 이 빙붕들은 남극 대륙의 빙하가 바다로 흘러드는 것을 막아 주고 있다. 이들이 무너지면 남극 대륙에 얹혀 있는 빙하가 빠르게 바다로 흘러들어서 해수면이 급상승할 수 있다. 해수면 상승 예상값이 천차만별인 이유는 이런 요인을 정확히 예측하기가 어렵기 때문이다.

해수면이 상승해도 충분히 대처할 수 있다는 주장은 선진국 위주의 관점이다. 그들의 주장은 모든 나라가 기후 변화에 대처할 충분한 경제적, 정치적 능력을 갖추었다는 것을 전제로 한다. 하지만 방글라데시를 비롯하여 많은 나라의 국민들은 주로 해안가에 몰려 살며, 식량 생산도 주로 해안가 평야에서 이루어진다. 아랍의 많은 나라는 해수면이 상승하면 갈 곳이 사막밖에 없다. 남태평양의 섬 주민들은 아예 딴 나라로 이주해야 한다. 대처할 자원과 능력이 부족한 약소국에게는 해수면 상승이 엄청난 피해를 끼칠 수 있다. 그러므로 해수면 상승에 대처할 수 있다는 주장은 강대국 위주의 사고방식이다. 또 해수면 상승은 그 자체만이 아니라 해일과 폭풍 같은 사건을 더 자주, 더 심하게 일으키며, 지하수를 오염시키고 경작지를 줄인다.

기온 상승에 따라 해수면이 얼마나 상승할지, 여러 가지 시나리오가 나와 있다. IPCC가 내놓은 시나리오들을 조사하여 어느 쪽이 타당성이 높을지 생각해 보자.

IPCC의 시나리오들은 원래 엉성한 모형을 토대로 예측한 것이다. 그런데 점점 쌓이는 엄청난 자료를 토대로 구축한 더욱 정교한 모형에서 나온 시나리오도 별 차이가 없었다. 이것이 기존 모형이 옳았다는 증거일까? 기존 개념에 기울어지는 인간의 성향이 반영된 것은 아닐까?

우리는 여러 시나리오가 있을 때 중간 값을 택하는 성향이 있는데, 그런 성향이 기후 변화 시나리오들 중에서 중간 시나리오를 선호하게 만드는 것일 수도 있을까? 기후 변화가 극단적인 양상을 띨 가능성이 정말 낮을까?

자연 재해

"태풍, 홍수 등 자연 재해가 잦아진다?"

온난화가 태풍의 발생 빈도와 강도를 증가시킨다는 말을 흔히 한다. 태풍, 허리케인, 사이클론으로 발달할 열대성 저기압은 바닷물이 따뜻하고 바람이 약한 적도 부근에서 생긴다. 수온이 높을수록 태풍이 더 강력해진다는 말은 옳다. 하지만 온난화와 태풍의 발생 빈도가 뚜렷한 상관 관계를 보인다는 연구 결과는 드물다. 실제 북대서양에서는 오히려 1940년대부터 1990년대까지 사이클론의 발생 빈도와 지속 기간이 줄어드는 추세를 보였다.

홍수, 해일, 가뭄, 열파 같은 극단적인 기후 사건이 더 많이 일어난다는 주장도 세계 전체와 개인적 경험이라는 맥락에서 볼 필요가 있다. 사람은 자기가 직접 겪은 일, 그리고 최근에 겪은 사건에 더 큰 비중을 둔다. 그래서 자신이 겪은 태풍의 횟수나 규모를 놓고 객관적인 평가를 내리기가 쉽지 않다. 또 사건 소식을 보도하는 대중매체에 노출되는 횟수가 지금이 더 많기 때문에, 예전보다 극단적인 기후 사건이 더 많아졌다고 느낄 수도 있다. 각국의 기후 사건들을 기간별로 분석하면 다른 양상이 나타날지도 모른다.

물론 온난화로 특정 지역에 더 많은 폭우가 내리거나 가뭄이 심해질 수도 있다. 반대로 기존에 가뭄이 심했던 지역에 비가 내리는 날이 늘어날 수도 있고, 겨울에 한파가 극심하던 지역에 따뜻한 공기가 오래 머물 수도 있다.

사람은 오랜 세월 어떤 날씨에 익숙해지면 그것을 편하게 느끼고 변화가 일어나면 그것을 불편하게 받아들이는 경향이 있다. 하지만 그 변화가 반드시 나쁜 것이라고는 말할 수 없다. 예전에는 한반도에 초여름에 늘 장마가 찾아왔고, 장마 때는 으레 홍수 피해를 입었다. 하지만 기후가 변하면서 이제 장마라는 말 자체가 무의미해졌다. 그 기간에 아예 비가 내리지 않는 날도 많아졌다. 장마를 예상했는데 비가 내리지 않아 초조하고 걱정스럽긴 하지만, 그것이 바람직한 변화일 수도 있다. 예전에 흔했던 엄청난 홍수 피해 장면과 비교해 보라.

또 이상 기후 때문에 생긴 피해 비용이 예전에 비해 엄청나다는 점을 들어 예전보다 극단적인 기후 사건이 늘어났다는 증거라고 하지만, 꼭 그렇다고 할 수만도 없다. 오히려 온난화 때문에 생긴 결과라기보다는 인구가 늘어나면서 홍수나 가뭄의 피해를 입기 쉬운 곳에 예전보다 더 많은 사람이 모여 살기 때문에 나타나는 현상일 가능성이 높다. 또 숲을 없애고 주거단지나 경작지를 만들고, 상습 침수 구역 같은 취약 지역에 도시를 건설하는 등 지역의 토지 이용 양상이 온난화보다 더 큰 요인일 가능성도 크다.

지진과 화산, 운석 충돌을 제외하고 홍수, 폭우, 가뭄, 태풍, 혹한, 혹서, 산사태, 산불 등 거의 모든 자연 재해는 기후 변화와 관련이 있다고 봐야 한다. 그저 관련된 요인과 변수가 너무나 많으며, 그것들이 너무나 복잡하게 상호 작용을 하기에 명확히 파악하기가 어려울 뿐이다. 그리고 바로 그 점이 온난화의 영향을 둘러싸고 이런 논란이 벌어지는 주된 이유이기도 하다. 온난화와 기후가 너무나 복잡하게 뒤얽혀 있기 때문이다.

온난화가 태풍과 허리케인 같은 열대성 저기압에 어떤 영향을 미치는가 하는 문제도 그렇다. 태풍의 발생은 열대 바다의 수온과 기온, 기압, 바람 등 여러 요인이 복합적으로 작용하여 일어난다. 그런 요인들이 정확히 어떻게 얽히는지 우리는 아직 제대로 알지 못한다.

태풍은 수심 약 50미터까지의 수온이 섭씨 26.5도 이상일 때 발생한다고 알려져 있다. 따라서 온난화로 수온이 상승하면 태풍이 더 많이 발생할 것이라고 예상할 수 있지만, 실제 통계 자료는 그렇지 않다. 이유가 무엇인지 파악하기 어렵지만, 온난화가 다른 기후 요인에 영향을 미침으로써 태풍의 발생을 억제할 가능성도 있다.

한 예로 태풍의 근원인 열대성 저기압이 발달하려면, 열대성 저기압이 진행하는 방향과 수직으로 부는 바람이 초속 10미터 이하이어야 한다. 따라서 열대 대양의 풍속이 강하면 태풍의 발생 빈도는 줄어들 수 있다. 온난화가 이런 열대의 기후 조건에 어떤 영향을 미치는지는 제대로 밝혀져 있지 않다. 수온이 증가함으로써 열대성 저기압이 발생할 가능성이 높아지는 한편으로, 풍속이 증가하여 발생 가능성이 줄어들 수도 있다. 하지만 적어도 온난화가 수온을 높임으로써 열대성 저기압의 발생 조건 중 하나를 강화한다는 점은 분명하다.

태풍의 발생 빈도와 온난화의 관계는 불분명하지만, 온난화가 태풍의 규모와 세기를 강화시킨다는 연구는 조금씩 나오고 있다. 이런 연구에도 반론이 있긴 하다. 하지만 지난 30년 동안의 통계 자료를 보면, 열대성 저기압의 발생 빈도가 줄어들었을 때에도 가장 강력한 열대성 저기압의 수는 오히려 늘었다고 한다.

태풍의 강도가 클수록 피해는 기하급수적으로 늘어난다. 즉 태풍의 횟수가 줄었다 하더라도 한번 닥칠 때마다 겪는 피해는 엄청나다. 그러니 그 피해는 단지 인구 밀도가 증가하고 사람들이 해안에 몰려 살기 때문에 생기는 것이 아니다.

또 온난화는 태풍 같은 열대성 저기압의 피해가 거의 없던 지역에도 영향을 끼칠 수 있다. 여태껏 허리케인은 북대서양에서만 일어났다. 그런데 2004년에는 남대서양에 허리케인이 발생하여 브라질을 덮쳤다. 사람들은 브라질에 허리케인이 온다는 것을 아예 믿지 않았기에 닥치는 것을 보면서도 대피하지 않아 피해가 컸다. 이런 상황이 계속되면 지중해에도 열대성 저기압이 생길 수 있다는 연구 결과도 있다.

온난화로 장마가 없어지는 등 지역에 따라 바람직한 변화가 나타날 수 있다는 주장은 무엇보다도 지구 전체라는 큰 그림을 보지 않는다는 점에서 오류다. 전 세계의 경제는 하나로 이어져 있다. 어느 한 지역이 철저히 자급자족하는 공동체를 이루고 있지 않는 한, 주변 지역이 피폐해지는데 한 지역만 날씨가 좋아졌다고 해서 상황이 더 나아진다는 것은 불가능하다. 자연 재해로 먼 나라의 작황이 나빠지면, 세계의 곡물 가격이 상승하는 등 지구 전체가 그 여파에 시달리는 것이 지금의 세계다.

또 지역적인 기상 변화가 바람직할 수 있다는 주장은 그 변화가 서서히 예측할 수 있게 찾아올 때에만 할 수 있다. 봄을 준비하는 4월에 갑자기 추위가 찾아와 눈이 내리고, 마른 논을 적셔 줄 장마를 기다리는데 햇볕만 쨍쨍하다면 무슨 소용인가!

온난화가 태풍 같은 현상의 발생 빈도와 세기에 어떤 영향을 미칠지는 지금도 논란이 분분하다. 고도와 위치, 상황에 따라 온난화에 기여할 때도 있고 온난화를 억제할 때도 있는 요소들이 있기 때문에 더욱 그렇다. 수증기는 온난화에 기여할까, 온난화를 억제할까?

산 호 초

"바다의 우림, 산호초가 사라진다?"

산호동물은 유달리 온도 변화에 취약하다. 수온이 섭씨 1~2도만 변해도 갑작스럽게 떼죽음을 당하기도 한다. 온난화는 대기뿐 아니라 바다의 온도도 상승시킨다. 수온이 단기간에 빠르게 상승하면, 산호가 하얗게 색이 바래는 백화 현상이 일어난다. 백화 현상은 산호의 몸속에서 공생하던 조류(쌍편모조류)가 빠져나가면서 일어난다.

공생 조류는 산호에게 광합성 산물을 제공하며, 산호는 조류에게 필요한 영양물질을 제공한다. 이 공생 관계 덕분에 산호는 열대의 따뜻하고 얕은 바다에서 다양한 색깔로 산호초를 만들면서 번성한다.

하지만 수온이 갑자기 변하면 이 공생 관계는 깨진다. 수온에 민감한 쪽은 사실 산호 자체보다는 조류 쪽이다. 수온이 변하면 조류는 제대로 광합성을 할 수 없게 된다. 그런 상태로 산호의 몸속에 머물면 공생이 아니라 기생하는 꼴이 된다. 그래서 산호는 조류를 밖으로 내보내거나 죽인다. 그러면 산호는 색깔을 잃고 하얗게 된다. 공생 조류를 밖으로 내버리는 것은 좋지 않은 상황에 대처하려는 고육지책이지만, 그 결과 산호 역시 제대로 양분을 얻지 못해 죽고 만다.

1997~8년에 엘니뇨가 극성을 부릴 때 인도양의 수온이 평균값보다 무려 4도나 올라갔다. 50년 만에 찾아온 가장 강력한 엘니뇨였다. 이때 인도양 각지의 산호초에 있는 산호 중 50~90퍼센트가 백화 현상에 이어 떼죽음을 당했다. 전 세계로 보면, 산호의 16퍼센트가 죽은 것으로 추정된다.

문제는 온난화가 급격히 진행되면 이런 일이 더욱 자주 일어날 것이고, 전 세계의 산호초가 위태로워질 가능성이 높다는 것이다. 유엔은 2030년까지 전 세계 산호의 60퍼센트가 사라질 것이라고 예측한다. 수온만 영향을 미치는 것이 아니다.

주된 온실가스인 이산화탄소는 바닷물을 산성화함으로써 산호에 악영향을 미친다. 이산화탄소는 물에 어느 정도 녹는다. 물에 녹은 이산화탄소는 탄산이 되어 물을 산성화한다. 대기 이산화탄소 농도가 높아질수록 바닷물에 녹는 이산화탄소의 양도 늘어나며, 그 결

산호초는 바다의 온도가 1, 2도만 변해도 순식간에 전멸한다.

과 바닷물은 더욱 산성을 띠게 된다.

산호는 바닷물의 탄산과 칼슘을 결합시켜서 탄산칼슘을 만든다. 이 탄산칼슘은 산호를 겉뼈대처럼 감싸며, 산호는 그 속에서 생활한다. 수많은 산호가 만들어 내는 탄산칼슘 뼈대가 생기고 부서지고 쌓인 것이 바로 산호초다.

문제는 바닷물이 산성화하면 탄산칼슘이 형성되지 못하고, 있던 탄산칼슘도 녹아서 사라진다는 것이다. 평소 조건에서도 탄산칼슘이 어느 정도 녹긴 하지만, 녹는 속도보다 산호가 탄산칼슘을 만들어 내는 속도가 훨씬 빨라서, 산호초는 계속 늘어난다. 하지만 이산화탄소 농도가 점점 높아져서 바닷물이 점점 더 산성을 띠고, 수온 상승으로 산호의 활동이 약해지면 결국 탄산칼슘이 쌓이는 속도보다 녹는 속도가 더 빨라질 수 있다. 그러면 산호초 자체가 죽음의 세계가 된다.

또 온난화로 육지에는 더 강력하고 더 규모가 큰 태풍, 폭우와 홍수 등이 찾아올 수 있다. 그러면 훨씬 더 많은 양의 탁한 물이 바다로 흘러들면서, 산호가 자라는 해역을 뿌옇게 만든다. 산호는 햇빛을 제대로 받지 못해 죽는다. 또 온난화는 산호의 전염병을 확산시키고 강력한 태풍과 심한 파도를 일으켜서 산호를 뽑아 버리고 부러뜨리는 등 산호초 자체를 파괴할 수도 있다.

산호초는 바다의 우림이다. 또한 산호초는 바다에서 생물 다양성이 가장 풍부한 곳이다. 거의 1천만 종에 달하는 생물들이 산호초에서 살아간다. 거기다 어업, 관광, 주거 등 산호초에 직접적으로 의지하여 살아가는 인구도 5억 명에 이른다. 그런 산호초가 죽으면 바다 전체가 황폐한 곳으로 바뀔 것이다.

맞는 말이다. 수온 상승과 바닷물의 산성화가 산호에 나쁜 영향을 끼친다는 것은 사실이다. 하지만 그 결과 세계의 산호가 위험에 처할 것이라는 주장은 과장된 측면이 있다. 기후나 온도의 변화가 미칠 영향을 논의하려면, 생물의 적응 능력과 그 변화의 속도를 고려해야 한다. 수온이 급격히 변하면 산호가 죽을 가능성이 높지만, 수온이 장기간에 걸쳐 서서히 변한다면 산호가 충분히 적응할 수 있지 않을까?

수온이 급변하면 백화 현상이 일어나면서 많은 산호가 죽곤 한다. 하지만 백화 현상은 산호의 죽음을 알리는 징후가 아니라, 산호와 공생 조류가 죽음을 피하기 위해 고안한 전략이라고 봐야 한다. 약해져서 광합성을 못하는 공생 조류를 몸에 품고 있는 것은 산호와 조류 양쪽에게 해롭다. 공생 조류를 밖으로 내보내면 산호는 소모

되는 에너지를 줄일 수 있고, 조류도 나름대로 바다를 떠돌면서 살 길을 찾을 가능성이 있다.

백화 현상이 일어난 뒤에 산호가 죽는 것은 위기 상황이 오래 지속된 결과이지, 백화 현상 자체가 원인은 아니다.

실제로 백화 현상이 일어난 뒤에 다시 공생 조류를 받아들여서 회복된 산호도 많다. 수온이 낮았을 때 공생하던 조류와 수온이 높을 때 새로 받아들인 조류의 종류가 다르다는 연구도 있다. 즉 산호는 수온이 높아지면 기존 공생 조류를 내버리고 높은 수온에 더 내성을 가진 새로운 조류와 공생하는 전략을 택할 수 있다. 나중에 수온

백화 현상을 잘 보여 주는 사모아 섬의 바닷속 모습 (미국해양대기청NOAA)

이 다시 평소 수준으로 돌아가자 이 산호는 새로운 조류를 내보내고 다시 원래의 조류를 받아들였다.

해역별로 공생 조류의 수온 내성 범위가 다를 수 있다는 연구도 있다. 1998년 전 세계 바다에서 대규모 백화 현상이 일어났을 때, 인도양 서부보다 인도양 북동부의 산호는 더 잘 견뎠다. 연구자들은 양쪽 해역의 공생 조류가 유전적 조성이 다르다는 것을 밝혀냈다.

또 연구자들은 세계 각지에서 수온 변화에 비교적 둔감한 산호 군체들을 찾아내고 있다. 일본 근해에서는 수온이 증가함에 따라 오히려 분포 범위가 더 늘어난 산호도 있다고 한다. 즉 원래 살던 곳에 계속 살면서 더 북쪽까지 분포 범위가 늘어난 종류도 있다.

이런 연구 결과들을 종합할 때 세계에는 수온 변화에 더 견딜 수 있는 종류의 산호들도 있으며, 환경이 변할 때 그들이 더 늘어나면서 다른 산호들을 대체할 가능성도 있다. 바닷물의 산성화로 산호초 형성이 억제되거나 중단될 가능성이 있다고는 하지만, 그런 일이 어떤 조건에서 어느 규모로 언제쯤 일어날지는 명확히 연구된 바 없다.

산호는 급격한 수온변화나 전염병, 수질 오염 등 여러 가지 원인으로 죽을 수 있다. 세계의 많은 해역에서 산호초가 사라진다면, 또는 산호초의 면적이 지금보다 절반으로 줄어든다면 어떤 일이 일어날까? 아마존의 우림이 사라진다고 할 때 벌어질 일과 비교해 보자.

또 바닷물이 산성화하여 산호초 자체가 형성되지 않는다면 어떻게 될까? 조개, 고둥, 따개비 등도 탄산칼슘으로 껍데기를 만든다. 바닷물이 산성화하면 그런 동물들도 껍데기를 만들 수 없게 된다. 그러면 어떤 일이 벌어질까?

식물

"숲이 이산화탄소를 흡수할 것이다?"

기온이 높아질수록 식물이 더 왕성하게 자란다는 사실은 온난화가 반드시 나쁜 것은 아니라는 점을 잘 보여 주는 사례다. 또 높은 대기 이산화탄소 농도가 비료 효과를 일으킨다는 것도 명백한 과학적 사실이다. 따라서 온실가스 증가에 따른 온난화는 이산화탄소 증가와 기온 상승이라는 양쪽으로 식물 생장에 기여할 수 있다.

기온이 올라갈수록 식물이 잘 자란다는 것은 잘 알려져 있다. 물론 어느 범위 내에서이긴 하지만, 기온이 상승할수록 식물의 생장 속도는 빨라지며, 식물이 더 일찍 성숙하는 효과도 나타난다. 온도가 섭씨 10도 올라갈 때마다, 식물 세포 안에 든 효소의 활성이 두 배로 커지고, 생화학 반응들도 더 활발하게 일어나기 때문이다.

그리고 식물은 이산화탄소를 흡수하여 광합성을 통해 탄수화물로 바꾼다. 그 과정에서 산소를 내보낸다. 대기 이산화탄소 농도가 높아지면, 식물은 그만큼 더 많은 이산화탄소를 흡수할 수 있다. 따라서 그만큼 광합성을 더 많이 할 수 있고, 뿜어내는 산소도 더 늘어난다는 의미가 된다. 즉 대기 이산화탄소 농도가 높아질수록, 식물에는 비료를 주는 효과가 나타난다.

게다가 대기 이산화탄소 농도가 높아지면 식물의 물 이용 효율도 높아지는 효과가 있다. 즉 물을 더 적게 쓰면서 잘 자랄 수 있다. 식물은 잎 같은 곳에 나 있는 기공을 통해서 대기 이산화탄소를 흡수한다. 그런데 기공이 열려 있는 동안 수분이 몸 바깥으로 빠져나가게 된다. 그것이 바로 증발산이다. 증발산이야말로 식물이 자라는데 엄청나게 많은 물이 필요한 주된 이유다. 기공이 더 오래 열려 있을수록 몸에서 빠져나가는 수분도 더 많아져서, 가물 때 바짝 말라 비틀어질 확률도 높아진다.

대기 이산화탄소 농도가 높아지면, 식물은 더 짧은 기간만 기공을 열고서도 충분한 양의 이산화탄소를 흡수할 수 있다. 따라서 물을 더 적게 소비하면서 같은 양의 광합성을 할 수 있다.

또 온난화로 온대지역과 더 고위도 지역의 기온이 올라가면, 식물의 생장 기간이 더 늘어날 수 있다. 게다가 강수량이 늘어나는 곳도 많아질 것이다. 또 식물이 적응할 수 있을 만치 기온이 서서히 상승한다면 세계의 숲 면적도 늘어나고 작물 생산량도 늘어날 것이다.

실제로 2013년 호주 연방과학원의 한 연구진은 1982년에서 2010년 사이에 대기 이산화탄소 농도가 14퍼센트 증가하는 동안, 이산화탄소 비료 효과로 세계의 잎 면적이 11퍼센트 증가했다는 연구 결과를 내놓았다. 이렇게 더 왕성하게 자라는 숲은 인류가 배출한 이산화탄소를 흡수하여 저장하는 역할을 할 수 있다. 일종의 음의 되먹임negative feedback인 셈이다. 게다가 생물 다양성과 식량 생산도 늘어나는 효과가 있다. 또 더 메마른 지역에 있는 초원을 숲이 잠식함으로써, 더 많은 물을 머금을 수도 있다. 숲과 경작지 같은 육상 생태계가 인류가 배출하는 이산화탄소의 약 4분의 1을 흡수할 수 있다는 연구 결과도 있다. 그러니 기후 변화를 논의할 때, 이산화탄소 비료 효과도 고려해야 마땅하다.

기온과 대기 이산화탄소 증가가 식물의 생장을 촉진한다는 것은 분명한 사실이다. 하지만 거기에는 여러 가지 조건이 수반되어야 한다. 일조량과 강수량, 토양의 무기물 등 여러 조건도 마찬가지로 생장에 알맞아야 한다.

먼저 기온 상승의 효과를 살펴보자. 무엇보다도 기온 상승이 곧 식물 생장 증가라는 해석은 너무나 단순한 주장이다. 과학자들은 기온이 식물에 미치는 영향을 연구할 때, 하루의 최대 기온과 최소 기온, 밤낮의 기온 차, 밤낮의 평균 기온 등으로 나누어서 살펴본다. 그리고 기온 변화에 대한 반응은 식물마다 다르다. 넓은 온도 범위에서 자라는 종이 있는 반면, 좁은 범위에서 자라는 종도 있다. 또 높은 온도에서 잘 자라는 종도 있고 서늘한 온도에서 잘 자라는 종도 있다.

게다가 씨의 발아 조건, 꽃이 피고 열매가 맺히는 조건도 따로 살펴보아야 한다. 겨울에 기온이 어느 수준보다 더 낮아져야만 발아하는 씨도 있고, 따뜻한 날씨나 추운 날씨가 얼마간 지속되어야 꽃이 피는 종도 있다. 이런 구체적인 조건들을 고려하지 않은 채, 기온이 올라가면 식물이 잘 자란다고 하는 식의 말은 무책임하다고 할 수밖에 없다.

오히려 온난화는 기후와 날씨를 교란시켜서 식물에 피해를 입힐 가능성이 더 높다. 한 예로 2003년 여름 3개월 동안 유럽 전체가 수천 년에 한 번 찾아올 법한 열파에 휩싸였다. 고온과 극심한 가뭄이 겹치면서 유럽 전체의 식물 생장 속도는 30퍼센트 줄어들었다. 아예 생장이 중단된 곳도 있었다. 생장이 멈추거나 느

려지자, 숲은 이산화탄소를 흡수하기보다는 오히려 내뿜었다. 온난화가 계속되면 이렇게 극심한 더위와 가뭄이 겹쳐지는 상황이 잦아질 수 있다.

최근의 우리나라만 봐도 그렇다. 장마가 사라진 대신에 작물이 한창 자라는 여름에 비가 자주 내려 일조량이 급감하기도 하고, 아예 비가 내리지 않아서 여름과 겨울에 가뭄이 드는 일이 최근에 빈번해지고 있다. 강수량이 늘어나는 지역에서도 비와 눈이 반드시 우리에게 유리한 방향으로 내린다고 할 수 없다.

또 하나 중요한 사실은 온난화가 일어나면 토양의 미생물들도 활발하게 활동한다는 사실이다. 미생물들이 토양의 유기물을 활발하게 분해하면 이산화탄소 배출량이 늘어난다. 최근에 이 토양에서 배출되는 이산화탄소가 온난화로 숲이 흡수하는 이산화탄소량 증가를 상쇄시킨다는 연구 결과가 나왔다.

또 온난화가 식물의 생장 기간을 늘린다고 해서 봄이 일찍 온다는 뜻만은 아니다. 봄이 일찍 오면 그만큼 생장 기간이 늘어나지만, 온난화는 가을을 더 늘리는 역할도 한다. 가을이 늘어 보았자 식물의 이산화탄소 흡수량이 더 늘어나지는 않는다. 가을은 겨울을 대비하는 기간이기 때문이다. 오히려 가을이 늘어남으로써 토양의 미생물이 더 오랜 시간 활동하면서 숲 전체에서 배출되는 이산화탄소의 양이 늘어나는 효과가 있다.

한편 대기 이산화탄소 농도 증가가 비료 효과가 있다는 것은 분명하다. 하지만 그것은 자동차가 배출하는 대기 오염 물질이 지구로 들어오는 햇빛을 막아서 온난화를 억제해 준다는 식의 논리나 다를 바 없다. 전체 그림을 외면한 채, 한쪽 측면만 보라고 강요하는 것일 뿐이다.

한 가지 지적하자면, 호주 연구진의 연구 결과는 실제 측정한 자료가 아니라 모형을 통해 예측한 값이었다. 그들은 호주 내륙 같은 메마른 곳에서 실제로 이산화탄소 비료 효과가 나타나기도 한다고 했지만, 물이 충분히 제공되는 곳에서 그렇다고 단서를 달았다. 하지만 온난화로 사막 같은 곳의 강수량이 증가한다고는 장담할 수 없다.

물론 아직까지 온난화가 토양과 계절별 이산화탄소량 변화에 어떤 영향을 미칠지 제대로 연구가 이루어지지 않은 상태이지만, 그 영향이 반드시 바람직한 쪽이라고 장담할 수는 없다.

본문에서는 기후 변화가 식물에게 주는 영향을 기온 상승과 대기 이산화탄소 농도 증가라는 두 측면에서 살펴보았다. 하지만 이 영향은 훨씬 더 다양하고 복잡한 양상을 띤다. 식물의 전염병과 메뚜기 같은 해충의 대발생, 토양의 변화, 지역별 기상과 날씨 변화, 기후 교란과 극단적인 기후 사건의 횟수, 강수량 변화 등 다양한 모습으로 나타난다.

이런 각 측면을 생각의 그물 형태로 그려 보자. 항목이 하나 추가될수록 점점 더 복잡하게 뒤엉켜 있음이 드러날 것이다.

만년설과 빙하

"다 녹으려면 수백 년은 걸릴 거야!"

지구 전체를 하늘에서 내려다본다고 할 때, 온난화를 가장 가시적으로 보여 주는 현상은 육지에 쌓인 얼음과 눈 면적의 감소일 것이다. 온난화 자체를 부정하는 사람도 높은 산에 쌓인 만년설이 점점 사라지고 있다는 사실을 외면할 수는 없을 것이다.

아프리카 대륙에서 가장 높은 산인 킬리만자로의 꼭대기에 쌓인 만년설은 1912년부터 약 100년 사이에 80퍼센트 이상 사라졌다. 이 빙모는 1만 1천 년 전부터 쌓인 것이며, 기원전 약 2000년대에 300년 동안 가뭄이 들었어도 끄떡없이 남아 있었다. 그런데 1912~1953년에는 연간 약 1퍼센트씩 줄어들다가 1989~2007년에는 약 2.5퍼센트씩 사라졌다. 2000년부터 2007년 사이에는 면적이 무려 26퍼센트가 줄어들었다. 이런 추세가 이어지면 2020~2030년대에는 눈으로 덮인 이 장엄한 봉우리를 더 이상 볼 수 없을 것이다.

킬리만자로만이 아니다. 캐나다 북극 지방의 빙하도 지난 6년 사이에 약 절반이 사라졌다. 남북 반구 전체에서 산에 쌓인 눈과 빙하의 면적이 줄어들고 있다. 이것이 온난화의 영향이 아니라면 무엇이란 말인가.

언론에 자주 등장하듯이 그린란드와 남극 대륙의 빙하도 줄어들고 있다. 그린란드에서는 기온이 상승함에 따라 해안가로 밀려나오는 빙하의 속도가 빨라지면서, 빙상의 두께가 줄어들고 다량의 빙하가 바다로 빠져나가 녹고 있다.

가장 우려되는 것은 남극 대륙 서부의 빙붕이다. 남극 대륙 서부의 빙하 중에는 수심 2,500미터에 이르는 해저부터 쌓인 것도 있지만, 그냥 물 위에 떠 있는 부분도 많다. 수온이 올라가면 이 빙하의 아래쪽이 녹을 수 있다. 그러면 빙하는 말 그대로 받침 없이 허공에 떠 있는 꼴이 되었다가 자체 무게로 떨어져 나올 수 있다.

실제로 남극 대륙 가장자리에 있던 울릉도의 약 절반 크기인 넓이 3,250킬로미터에 높이 220미터에 달하던 라센B 빙붕이 2002년에 떨어져 나갔다. 1만 1천 년 동안 쌓인 빙붕이었다. 남극 대륙 서부에는 이보다 더 큰 로스 빙붕과 론 빙붕이 물에 떠 있다.

온난화로 기온이 더 올라가면 이 빙붕까지 녹아서 떨어져 나올 수 있다.

육지에 쌓인 눈과 얼음이 녹으면 여러 가지 문제가 생긴다. 우선 해수면이 상승하여 해안 도시가 물에 잠긴다. 또 산맥의 꼭대기에 쌓인 빙모는 건기에 산자락에 있는 도시에 안정적으로 물을 공급하는 역할을 한다. 빙모가 사라지면, 그런 도시들은 물 부족에 시달릴 것이고, 덩달아 심각한 가뭄 피해를 입을 것이다. 실제로 남아메리카의 안데스 산맥 산자락에서는 그런 일이 현재 벌어지고 있다. 미국의 캘리포니아와 텍사스 같은 남서부 주들도 이미 극심한 물 부족에 시달리고 있다.

온난화의 위험을 주장하는 측은 종종 예상 피해를 과장하는 경향을 보인다. 그들은 남극 대륙의 빙하가 다 녹으면 해수면이 약 60미터나 상승할 수 있다고 경고한다. 하지만 그들도 그것이 아주 극단적인 시나리오임을 인정할 것이다. 또 그 정도의 얼음이 다 녹으려면 수십 년이 아니라 수백 년이 걸릴 것이다.

남극 대륙 서부에 떠 있는 넓이 수십 킬로미터에 이르는 로스 빙

그린란드의 빙하에서 떨어져 나온 빙산들

붕과 론 빙붕이 쪼개져 떨어질 것이라는 주장도 현재로서는 가능성이 희박하다. 빙붕의 가장자리는 밀려나면서 늘 쪼개지곤 하며, 대부분은 면적이 넓어도 수십 킬로미터에 불과한 작은 것들이다. 라센B 빙붕 같은 큰 덩어리가 쪼개지기도 하지만, 그런 일은 아주 드물다.

또 그린란드의 빙하가 다 녹으면 해수면이 약 7미터 상승할 것이라는 주장도 그 얼음이 다 녹으려면 긴 세월이 지나야 한다는 단서를 으레 빼고 하는 경향이 있다. 그 얼음이 다 녹으려면 수백 년이 걸려야 한다.

그리고 그린란드를 비롯한 북극 지방의 기온은 일정한 추세를 보여 주지 않는다. 지구 기온이 꾸준히 올라갔음에도, 그린란드의 남쪽 지방은 수십 년 동안 기온이 오히려 더 떨어진 적도 있었다.

또 그린란드 전체를 보면 해안 지역을 중심으로 그린란드의 빙하 면적이 1979~2002년 사이에 16퍼센트가 줄어들었다고 하지만, 오히려 두께가 더 두꺼워진 곳도 있다.

그리고 그린란드 자체로 보면 빙하가 녹는 것이 결코 나쁜 일이 아니다. 그린란드는 땅의 80퍼센트가 빙하로 뒤덮여 있다. 한마디로 국토의 80퍼센트가 못 쓰는 땅이라는 뜻이다. 그러니 빙하가 녹아 땅이 드러난다면 이용 가능한 면적이 그만큼 늘어나는 셈이다. 아마 북극 지방에 영토가 있는 유라시아와 북아메리카의 여러 나라들도 비슷한 생각일 것이다. 러시아는 온난화로 고생하는 이들은 다 러시아로 오라고, 받아 주겠다고 호언장담한 적도 있다. 얼어붙은 시베리아가 녹아서 경작이 가능해질 테니 말이다.

육지의 빙하가 녹는 것을 우려하는 주된 이유는 해수면이 대폭 상승하여 해안 도시가 물에 잠길 것이라는 예측 때문이다. 하지만 온난화에 따라 빙하가 얼마나 녹을지는 아직 불확실하다. 인류가 방파제를 쌓고 이주를 하면서 충분히 대처할 수 있을 만큼 천천히 녹을 가능성도 있다. 그러니 전부 다 녹으면 엄청난 일이 벌어질 것이라는 충격적인 이야기부터 꺼내면서 논의를 시작하는 것은 문제가 있다. 사실 해수면 상승은 육지 얼음의 해빙보다는 해수 자체의 부피 팽창과 더 관련이 있을 수도 있다.

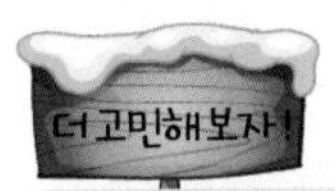

세계에는 강수량이 적은 시기에 빙하나 고지대에 쌓인 만년설이 녹아서 흘러내리는 물에 의존하는 지역이 많이 있다. 그런 곳을 하나 골라서 지금 실제로 어떤 상황이 벌어지고 있는지 살펴보자. 지난 수십 년 동안 연간 강수량, 기온, 날씨, 물 이용량 등에 어떤 변화가 일어났을까? 앞으로의 추세는 어떻게 될까?
한편 히말라야 산맥처럼 만년설에 별 변화가 없는 지역도 있다. 그런 차이가 나타나는 이유는 무엇이며, 그것이 널리 알려진 온난화와 빙하의 관계를 반박하는 증거가 될 수 있을까?

지구 구석구석을 살피면

세계 각지의 상황 쪽으로 눈을 돌리면,
온난화를 바라보는 관점이 저마다 다르다는 것을 알 수 있다.
당장 나라 전체가 사라질 위험에 처해 있는 섬나라가 있는 반면,
얼어붙은 땅이 녹을 것이라고 온난화를 은연중에 반기는 나라도 있다.

물 부족

"극심한 가뭄에 시달릴 것이다?"

온난화로 세계 각지에서 물 부족 현상이 나타날 것이다. 우선 온난화는 지역에 따라 극심한 가뭄을 불러일으킬 수 있다. 북아메리카 내륙은 1100년대 중반에 수십 년 동안 극심한 가뭄에 시달렸다. 당시 그 지역의 평균 기온은 지금보다 겨우 1~2도 높았을 뿐이었다. 지구 온난화로 다시금 가뭄이 찾아온다면, 현재 옥수수와 소를 키우는 대평원 지대는 사막처럼 변할 것이다.

온난화에 따른 가뭄은 양의 되먹임positive feedback, 즉 악순환을 일으킬 수 있다. 온난화로 가뭄이 심해지면, 화재 발생 위험이 높아진다. 그러면 해당 지역의 우거진 숲이 불길에 휩싸여 황폐해질 수 있다. 숲이 사라지면, 숲이 머금고 있던 수분도 사라짐으로써 가뭄은 더욱 극심해진다. 그렇게 악순환이 이어지게 된다.

또 온난화는 산꼭대기의 만년설을 녹여 없앰으로써 산 아래 사는 주민들이 쓸 물을 고갈시킨다. 페루의 안데스 산맥 아래쪽에 사는 주민들은 건기에 안데스 산맥에 쌓인 빙하가 녹아 흐르는 물이 없으면 생활하기가 불가능하다. 그런데 현재 온난화로 안데스 산맥의

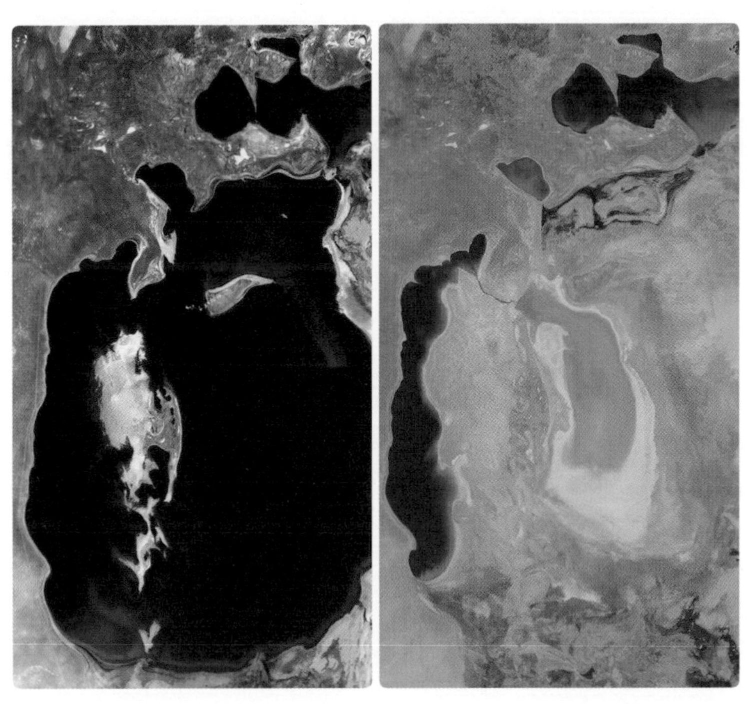

극심한 가뭄으로 말라붙은 아랄해의 위성사진. 1989년(왼쪽)과 2008년

만년설이 점점 녹아서 사라지고 있다. 이 지역은 20~30년 안에 심각한 물 부족 문제에 직면할 것이다.

만년설이 쌓여서 빙모가 형성되지 않은 지역에서도 겨울 가뭄이 심해져서 봄철에 경작에 필요한 물을 댈 수가 없는 곳이 생길 것이다. 많은 지역에서는 겨울에 내린 눈이 쌓였다가 비가 내리지 않는 봄철에 물을 공급한다. 하지만 온난화로 겨울 가뭄이 심해지면 눈 자체가 쌓이지 않음으로써, 봄철에 경작이 거의 불가능한 상황이 일어날 수 있다. 우리나라에서 최근 들어 겨울 가뭄이 극심해지는 경우가 자주 나타나고 있다.

또 온난화로 지역의 기후와 날씨가 교란됨으로써 수자원 관리 예측을 제대로 할 수 없어 물 부족 현상이 생길 수도 있다. 어느 지역에서든 대개 강수량은 계절에 따라 일정한 양상을 보인다. 각국은 그런 다년간의 통계 자료를 토대로 폭우가 내리기 전에 미리 저수지나 댐의 물을 빼두며, 가뭄이 오기 전에는 저수지에 물을 가득 채워 둔다. 하지만 온난화로 이런 계절별 강수량 양상이 교란되면, 수자원 관리가 제대로 이루어질 수가 없다. 저수지의 물을 빼두었는데 비가 내리지 않으면, 심각한 물 부족으로 힘들어질 것이다.

모두들 온난화로 일부 지역에서 가뭄이 심해져서 물 부족이 심각해질 거라고 걱정한다. 강수량 자체가 줄어들어서 가뭄이 드는 지역이 나올 수는 있다. 하지만 가뭄과 홍수는 어느 해에든 나타날 수 있는 기후 현상이다. 올해의 가뭄이나 홍수를 온난화 때문이라고 콕 찍어서 말하기는 쉽지 않다. 설령 온난화와 어느 정도 관련이 있다고 할지라도, 온난화가 얼마만큼 기여했는지 비율로 따지기란 거의 불가능하다.

또 물 부족 문제를 논의할 때에는 기후 변화만을 따져서는 안 된다. 온난화를 이야기하기 이전에, 이미 세계 각국에서 물 부족은 주요 현안이 되어 있다. 즉 물 부족은 온난화보다는 도시화에 따른 인구 집중과, 더 크게 보면 세계 인구 증가가 더 주된 원인일 수 있다.

현재 세계에는 물 부족에 시달리는 지역이 많다. 통계를 내보면 온난화보다는 인구 증가와 집중이 더 중요한 원인인 사례가 훨씬 더 많을 것이다. 급격히 발전하고 있는 개발도상국은 빠른 도시화로 인구가 대도시로 집중되고 있다. 또 수확량을 늘리기 위해 경작지에 대는 물의 양도 급속히 늘어난다. 산업 발달에 따른 용수량도 많아진다. 게다가 사회가 풍족해지면서 인구는 계속 빠르게 늘어난다. 인도, 파키스탄, 방글라데시, 중국 등에서 바로 이 과정을 통해 심각한 물 부족에 시달리는 지역이 늘어났다.

또 이런 인구통계학적 변화가 일어날 때, 물을 머금었다가 서서히 내보내는 역할을 하던 숲은 개간되어 점점 사라져 갔다. 그와 동시에 건물이나 도로처럼 포장된 지면의 비율이 늘어나면서, 빗물이 땅속으로 스며들어 지하수를 보충하는 양도 줄어들었다. 그런 상황에서 물 부족을 해결하기 위해 지하수를 계속 퍼 올리면서, 지하수도 점점 고갈되어 왔다. 이렇게 볼 때 물 부족은 주로 인구 증가와 집중에 따른 현상이며, 온난화는 그것을 좀 더 악화시키는 역할을 할 뿐이다.

또 기후와 날씨가 교란되어 수자원 관리가 어려워질 수 있다는 주장도 과장된 부분이 있다. 현재 물 부족을 겪고 있는 지역들은 대부분 환경이 지탱할 수 있는 수준보다 인구가 더 많아서 이미 관리할 만한 물 자체가 부족한 상황이다.

지하수가 고갈되고 있는 것도 쓰는 물의 양 자체가 워낙 많아서 일어나는 현상이다. 따라서 온난화 문제에 치중하기보다는 물을 절약하고 더 효율적으로 쓰며, 저수 용량을 늘리고, 더 장기적으로는 인구를 분산시키는 것이 물 부족을 해결하기 위한 더 올바른 대책일 수 있다.

가뭄과 물 부족의 주된 원인이 기후 변화일까, 물 소비량 증가일까? 국가별 지역별로 상황이 다를 수 있다. 물이 원래 풍족하고 계절마다 골고루 내리거나, 비와 눈이 내리는 시기와 양을 충분히 예측할 수 있는 지역이 있다. 반면에 어떤 지역은 강수량이 원래 적거나, 주민의 물 사용량이 강수량을 훨씬 초과하는 지역도 있다. 하지만 물이 풍족하든 부족하든 간에, 강수량과 강수 시기를 충분히 예측할 수 있다면, 저수지 확보나 물 절약을 비롯하여 필요한 대책을 세울 수 있을 것이다. 그런 상황에서 기후 변화로 강수량과 강수 시기를 예측할 수 없게 된다면? 우리나라의 상황은 어떠할까?

흑서와 흑한

"폭염은 온난화와 무관하다?"

한반도의 평균 기온은 1970년대보다 겨울철은 1.3도, 여름철은 0.2도 상승했다. 여름철보다 겨울철의 기온이 더 큰 폭으로 올랐다. 겨울 평균 기온은 1970년대에는 2.2도였지만, 2000년대에는 3.2도였다. 또 지난 100년간 한반도의 평균 기온이 약 1.5도 상승함으로써, 세계 평균 기온 상승률보다 두 배 높다는 자료도 있다.

한반도 대기의 이산화탄소 농도도 1999~2008년에 2.3ppm이 증가함으로써 세계 평균 증가율인 1.9ppm을 웃돈다. 이런 자료들은 우리나라의 기후 온난화 진행 속도가 세계 평균보다 더 빠르다는 것을 보여 준다. 국립환경과학원은 21세기 말에는 한반도 기온 평균

이 4도가량 높아질 것으로 예측했다.

폭염으로 많은 사람이 희생된 서유럽도 지난 100년 사이에 기온이 1.6도 상승했다고 했으며, 폭염이 지속되는 기간도 더 길어졌다고 한다. 온난화에 대한 반응이 지역별로 다를 테니, 한반도에도 똑같은 현상이 일어난다고 단언할 수는 없다. 하지만 세계 각지에서 예기치 않게 폭염이 찾아오는 지역이 늘어나고 있다. 이는 국지적으로 나타나는 살인적인 폭염이 적어도 지구적인 현상의 일부임을 시사한다.

폭염이 지속되면 열사병으로 쓰러지거나 심하면 사망하는 사람도 나온다. 더위가 추위와 다른 점은 위험하다는 사실을 몸이 체감을 잘 못한다는 것이다.

사람의 체온은 대개 36.5~37.5도에서 유지된다. 더울 때면 몸은 땀을 흘림으로써 체온을 낮춘다. 하지만 몸은 수분이 어느 정도 줄어들어도 실감하지 못하기 때문에, 지나치게 땀을 많이 흘려서 위험에 빠질 수 있다. 또 습도가 높으면서 더우면 땀이 잘 나지 않아서, 체온이 높아짐으로써 열사병에 빠질 수 있다.

최근 10년 동안 우리나라에서 폭염으로 사망한 사람은 약 2천 명으로 추정된다. 미국의 통계 자료를 보면, 통상적인 해에는 추위로 사망하는 사람의 수가 더위로 사망하는 사람의 수보다 약 2~3배 많다. 물론 겨울이 유달리 추운 해에는 동사자가 늘어난다. 하지만 여름에 폭염이 지속되는 해에는 사망자 수가 그보다 훨씬 더 늘어날 수 있다.

2003년 8월에 유럽이 폭염에 휩싸였을 때는 무려 3만 5천 명이 목숨을 잃었다고 한다. 특히 심장과 혈관 기능이 약해서 더울 때 땀을 통해 열을 배출하기가 수월하지 않은 노약자나 비만자가 더 취약하다.

온난화는 여름의 폭염만 가져오는 게 아니다. 국지적인 날씨의 변동 폭을 더 심화시켜 겨울에는 엄청난 한파를 일으킬 수 있다. 최근 들어 겨울에 이어 봄까지도 추위가 기승을 부리는 사례가 종종 나타나는 것이 대표적인 사례다. 그런 심한 기온 변동은 특히 노약자의 건강에 나쁜 영향을 미칠 수 있다. 기온이 1도 올라가면 장염 발생률이 6.84퍼센트 증가한다는 자료도 있다.

국지적인 기후와 날씨의 변동이 온난화의 효과라고 콕 찍어서 말하기는 어렵다. 알다시피 기후는 다양한 요인들이 복합적으로 작용하며, 온난화가 아닌 다른 요인이 작년과 올해의 기후를 다르게 만들 가능성도 얼마든지 있다.

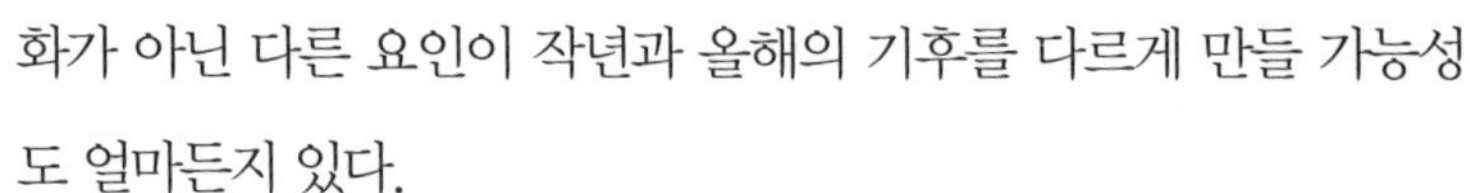

물론 한반도 전체의 기온이 상승하면서 아열대 기후대로 점점 편

입되는 경향이 있는 것은 분명하다. 한반도 해안의 해수 온도가 상승하고 있는 것도 맞다. 하지만 그것이 주로 온난화의 효과라면, 왜 한반도의 기온 증가율이 세계 평균보다 두 배인지를 설명할 수 있어야 한다. 기후 모델을 통해 왜 그렇게 많이 올랐는지를 규명해야 온난화만이 아니라 다른 요인들이 어느 정도 영향을 끼쳤는지를 설명할 수 있지 않을까? 폭염과 혹한 문제도 마찬가지다.

설령 온난화가 폭염과 혹한에 어느 정도 기여했다고 할지라도 그런 극단적인 날씨에 사망한 사람들이 온난화 때문에 사망했다고 단정하기는 어렵다. 자연 재해가 닥칠 때면 으레 논란이 일어나듯이 사망이 인재로 일어난 것일 수도 있기 때문이다.

극심한 더위나 추위가 자칫하면 목숨을 앗아갈 수 있다는 것을 과

폭염에 따른 사망자 통계 (서울시 기후환경본부)

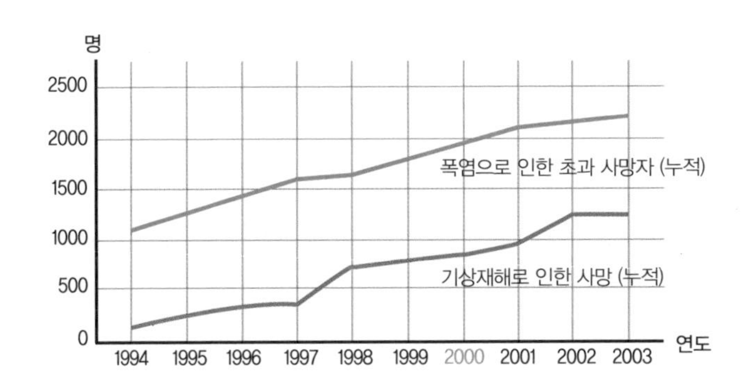

최근 10년 동안 우리나라에서 폭염으로 사망한 사람은 약 2천 명에 달한다.

연 제대로 알렸는가? 충분히 대비를 했는가? 노약자의 주거나 생활환경을 소홀히 한 탓은 아닐까? 극심한 날씨에 야외 활동을 자제하라는 경고를 과연 얼마나 심각하게 받아들였는가? 사회에 위험을 경시하는 분위기가 만연해 있지는 않은가? 이렇게 생각해 볼 요인들이 많이 있다.

설령 온난화가 극심한 더위와 추위를 가져올 수 있다고 해도, 그런 시기 이외에는 온난화가 건강에 도움이 될 수 있지 않을까? 기온이 올라가면 전반적으로 추운 날을 줄여 줌으로써 조깅 같은 야외 활동을 할 시간이 많아질 것이다.

그리고 통계 자료가 말해 주듯이 혹서보다는 혹한에 죽는 사람이 더 많다. 유럽의 통계 자료에서처럼 2003년 여름에 사망자가 많았다는 것은 사람들이 혹서에 충분히 대비를 못했다는 뜻이며, 그것은 그런 더위가 해마다 찾아온 것이 아니라 돌발적인 사건이었다는 의미이기도 하다.

설령 온난화로 혹서가 자주 들이닥친다고 해도, 그것이 예측 가능한 현상이라면 얼마든지 대비할 수 있을 것이다. 그리고 그런 사건은 온난화가 없었던 시절에도 일어났을 것이다. 온난화가 예측 불가능한 기후 사건을 일으켜서 건강에 위험을 끼친다는 주장을 입증하려면, 온난화가 일어나기 전이나 온난화가 진행되는 과정에서 예측 불가능한 기후 사건이 건강에 얼마나 해를 끼쳤는지도 알아야 하지 않을까? 물론 그런 자료를 얻기가 힘들겠지만, 그 자체로도 온난화와 폭염 같은 사건의 관계가 불확실함을 알 수 있다.

기후 변화에 관한 통계 자료는 많으며, 해마다 더욱 더 늘어 나고 있다. 과학자들은 그 많은 통계 자료를 분석하여 대기 이산화탄소 농도, 수증기량, 구름의 양, 미세먼지 농도, 분출한 화산재 등이 기후와 기상에 어떤 비율로 어떤 영향을 미치는지 파악한다. 또 바람과 기압의 주기적인 변화를 통해 폭염이나 혹한이 찾아올지도 예측한다. 하지만 예측하지 못한 폭염과 혹한이 찾아오는 데에서 알 수 있듯이, 우리가 복잡한 기후계를 예측하는 데에는 한계가 있다.

그렇다면 온실가스의 증가 속도와 증가량을 토대로 예측한 온난화와 기후 변화 값들은 얼마나 확실하다고 말할 수 있을까? 과학자들은 이 엄청난 자료를 어떻게 처리하여 예측을 하는 것일까? 우리가 부족한 지식을 갖고 어떤 결과를 예측하려 할 때 쓰는 방법과 같을까? 기후 모형과 여러 가지 기후 변화 예상 시나리오는 그런 예측 노력의 한 예다.

인류의 건강

"온갖 전염병과 해충을 퍼뜨린다?"

온난화가 일어날수록 전염병과 해충이 더 멀리 퍼짐으로써 건강을 위협할 수 있다. 친숙한 이질이나 콜레라 같은 수인성 전염병도 더 빈발할 뿐 아니라, 새로운 전염병도 유입될 수 있다. 기온이 상승하면서 열대와 아열대가 더 높은 위도대로 퍼지고, 그에 따라 열대와 아열대에 국한되어 있던 전염병과 해충도 퍼지기 때문이다.

우리나라의 사례를 보자. 이미 한반도에 라임병이 출현했다는 연구 결과가 있다. 라임병은 진드기가 옮기며, 관절염과 신경통, 발진을 일으킨다. 모기가 매개하는 전염병인 말라리아도 점점 확산되고 있다.

말라리아는 1970년대에 거의 사라졌다가 1990년대 중반부터 다시 확산되기 시작했으며, 계속 급증하는 추세다. 말라리아 환자는 1994년에 다섯 명에 불과했지만, 2006년에 2천 명을 넘었고, 2007년에는 2천 200명을 넘어섰다. 환자는 대부분 수도권에 사는 사람들이었으며, 말라리아를 옮기는 모기가 서식하는 지역에서 모기가 주로 활동하는 야간에 일하는 사람들이 많이 감염되었다.

말라리아는 적혈구를 파괴하여 빈혈을 일으키며, 오한과 발열을 동반한다. 그나마 우리나라에 흔한 말라리아는 치명적인 종류가 아니라서 다행이다.

연평균 기온이 상승하면서 모기의 활동 기간도 늘어났다. 모기는 말라리아뿐 아니라 뎅기열, 황열병, 일본뇌염을 옮긴다. 뎅기열은 전형적인 열대 전염병으로써 머리, 눈, 관절 등의 통증과 발진을 일으킨다. 뎅기바이러스를 지닌 모기에 물려서 감염된다. 지금까지는 주로 동남아 여행객들이 현지에서 감염되었으며, 우리나라에서 발병한 사례는 없다. 하지만 뎅기열을 옮기는 흰줄숲모기가 국내에서도 발견되고 있다. 따라서 앞으로 국내에서도 뎅기열이 발생할 가능성이 있다.

모기는 다양한 생물의 피를 빨기 때문에, 바이러스와 세균을 비롯한 온갖 병원체를 함께 빨아들였다가 인간은 물론 다른 생물에게 전염시킬 수 있다. 추위는 모기 같은 해충의 분포 범위와 개체수를 줄이는 데 지대한 역할을 한다. 혹독한 추위는 많은 해충의 성체나 알을 얼려 죽인다. 반대로 겨울 기온이 높아지면 얼어 죽지 않고 무사히 깨어나는 성체나 알이 많아진다.

또 모기는 대개 기온이 상승할수록 번식 주기도 빨라지며 활동도 더 왕성해진다. 따라서 기온이 높아질수록 더 많은 모기가 출현하여 밤새 시끄럽게 윙윙거린다. 모기의 몸속에 사는 병원체들도 대개 기온이 올라갈수록 번식 주기가 빨라진다.

잦아진 홍수와 가뭄도 모기 개체수를 늘리는 데 기여할 수 있다. 홍수는 도랑이나 하수구, 축사 등에 쌓였던 오염 물질을 강과 호수

라임병을 일으키는 진드기

라임병을 일으키는 병원체인 스피로헤타를 지닌 진드기는 낙엽 밑에서 알 상태로 겨울을 난 뒤 봄에 부화하여 지나가는 생쥐, 다람쥐, 새 등에 달라붙는다. 이들은 그 동물의 피를 빨아먹으며 자란 뒤 다시 땅속에서 겨울을 난다. 다음 해 봄이 되면 나뭇가지 위로 올라가서 몸집 큰 포유동물이 지나가기를 기다린다. 숲 속을 다니는 사람들이 이들의 희생양이 된다. 진드기가 물면 라임병균이 우리 몸으로 들어온다.

라임병은 미국 등지에서는 이미 심각한 전염병이 되었으며, 우리나라도 알게 모르게 걸린 사람들이 많다고 추정된다. 겨울철 기온이 상승하면 얼어 죽지 않은 채 겨울을 나는 진드기들이 많아진다. 거기다가 등산 인구가 유례없이 늘어난 상태이니, 우리나라에도 라임병이 널리 퍼질 가능성이 얼마든지 있다.

로 유입시켜서 모기의 천적들이 살기 어렵게 만들 수 있고, 곳곳에 오염된 물웅덩이를 만든다. 가뭄은 고인 물웅덩이를 늘림으로써 모기 유충의 서식지를 늘린다. 온난화는 여러 모로 모기의 천국을 만드는 셈이다.

양서류와 파충류가 줄어들면 그들을 먹이로 삼는 대형 조류와 포유류 같은 상위 포식자도 줄어든다. 그러면 인간에게 해로운 대표적인 동물인 쥐를 비롯한 설치류는 오히려 늘어난다.

쥐는 라임병뿐 아니라, 신증후출혈열(유행성출혈열)을 일으키는 바이러스를 전파한다. 이 병은 고열과 오한, 출혈을 일으키며 사망률이 7퍼센트에 달하는 질병이다. 쥐의 배설물에서 나온 한타바이러스는 공중으로 전파되어 감염된다고 알려져 있다. 쥐가 늘어날수록 쥐가 출몰하는 숲이나 풀밭 같은 곳을 다니는 사람들이 감염될 확률은 더 높아진다. 여름에 가뭄이 지속되면 먹이를 찾지 못한 쥐들이 인가로 향하기 때문에 사람이 한타바이러스에 접촉할 가능성도 더 높아진다.

한타바이러스는 1993년 미국에서 대발생했다. 1991년 엘니뇨가 발생했고 그 여파로 다음 해 미국에 온난하고 비가 많이 내리는 날이 많아졌다. 그 결과 나무에 많은 열매가 맺혔고 그것을 먹는 쥐들이 마구 번식하면서 수가 크게 늘어났다. 늘어난 쥐들은 배설물을 통해 곳곳에 한타바이러스를 퍼뜨렸고, 사람들이 감염되었다.

안타깝게도 한번 발병한 전염병은 없애기가 쉽지 않다. 집중적인 예방과 방역, 방제 조치로 확산을 막았다 싶으면 다음 해에 더 큰 규모로 발생하곤 한다. 기온 상승의 여파로 우리나라도 이미 기존 병원체들의 분포 범위와 활동 기간이 늘어났다는 연구 결과들이 계속 나오고 있으며, 이전에 없던 새로운 병원체들도 계속 발견되고 있다. 전문가들은 온난화가 진행될수록 열대성 전염병과 이른바 괴질들이 토착화할 것이라고 보고 있다.

기온이 상승할수록 열대와 아열대의 해충과 전염병이 온대 지역으로 확산된다는 것은 맞다. 하지만 확산에 따른 피해는 우리가 어떻게 대응하느냐에 따라 달라진다.

얼마 전 댕기열 환자가 발생했을 때 언론은 국내에서 감염되었을 가능성이 높다고 호들갑을 떤 바 있다. 하지만 환자는 해외에서 감염된 것으로 드러났다. 이 사례는 전염병을 옮기는 해충의 분포 범위가 확산된다고 해서 곧바로 전염병까지 확산된다는 의미는 아니라는 점을 보여 준다. 전염병의 확산을 막으려는 노력을 고려하지 않기 때문이다.

어느 나라든 간에 전염병의 유입과 확산을 막기 위해 많은 노력을 기울이고 있다. 또 다양한 예방 조치뿐 아니라 백신 같은 수단도 개발하고 있다. 기온이 상승하면서 말라리아의 분포 범위가 수도권까지 늘어났다고 해도, 감염자가 산발적으로 나타날 뿐 전염병으로 확산되지 않는 것도 방역 노력 덕분이다.

말라리아는 원래 거의 전 세계에 널리 퍼져 있던 질병이었다. 살충제와 의약품의 개발, 위생 시설의 개선으로 다른 지역에서는 사라지고 지금처럼 특정 지역에만 국한되어 나타나고 있을 뿐이다. 기온 상승으로 전염병의 확산이 우려된다고 말할 때는 이런 방역 노력까지 염두에 두고 논의를 해야 한다.

전염병과 해충의 확산은 온난화 같은 기온 변화보다는 방역과 위생 수준, 인구 이동이 더 주된 역할을 할 것이다. 콜레라 같은 수인성 전염병과 모기와 파리 같은 해충과 그들이 옮기는 전염병이 방역과 위생 수준에 따라 달라진다는 것은 역사가 증명한다. 최근의 메르스 감염 사건도 대표적인 사례다.

모든 나라에서 위생과 방역 수준이 높아질수록 전염병의 발생 빈도와 피해는 줄어들었다. 지금도 전염병의 대부분은 상수도와 하수도 시설이 미비한 나라나 지역에서 발생하고 있다. 그러니 전염병과 해충의 확산을 막으려는 노력이 상하수도 시설과 방역 활동에 집중되는 것도 당연하다.

또 타국의 전염병이 빠르게 전 세계로 퍼지는 것은 주로 인구의 이동 때문이다. 항공기 같은 빠른 이동 수단 덕분에 아프리카나 중국 남부에서 발생한 전염병이 일주일이 채 지나기 전에 전 세계로 퍼질 수 있다. 전염병 여부를 채 확인할 시간도 주지 않은 채 전염병이 그렇게 빠르게 확산되는 사례는 최근의 사스나 신종 인플루엔자 사례가 잘 보여 준다.

그리고 조류독감처럼 철새를 통해 세계 각지로 전파되는 전염병도 있다. 그러니 온난화보다는 위생 환경 개선과 방역 체계의 개선에 더 중점을 두어야 하지 않을까? 또 2011년의 사례는 온난화로 해충이 꼭 확산되는 것만은 아니라는 점도 보여 준다. 잦은 비로 모기 유충이 다 쓸려 내려가는 바람에, 그해에는 여름 내내 모기를 거의 찾아볼 수가 없었다.

메르스는 중동에서 유행하는 병이다. 사스는 중국에서 시작되어 전 세계로 퍼졌다. 주로 철새를 통해 들어오는 조류독감은 사람과 물품의 이동을 통해 전국의 가금류로 전파된다고 알려져 있다. 이런 사례들은 오늘날 감염병이 주로 엄청난 규모로 전 세계를 빠르게 오가는 사람들을 통해 퍼진다는 것을 시사한다. 그렇다면 온난화 대책보다 방역 대책에 더 힘써야 한다는 말이 옳지 않을까? 하지만 온난화가 유입된 감염병을 토착화시킬 수 있다는 점에 초점을 맞춘다면? 모기를 비롯한 곤충 등 감염병 매개체는 다양한 경로로 유입될 수 있다. 그리고 한반도가 따뜻해져서 겨울에도 얼어 죽지 않고 버틸 수 있는 환경이 된다면, 토착화가 이루어질 수 있다. 그러면 외국에서의 유입을 차단하는 데 초점을 맞추는 방역은 무의미해지며, 국내에서의 확산 방지에 초점을 맞추어야 한다. 미국선녀벌레 같은 식물의 해충이 이상 고온으로 서식 범위가 점점 확산되고 있는 것이 한 예다.

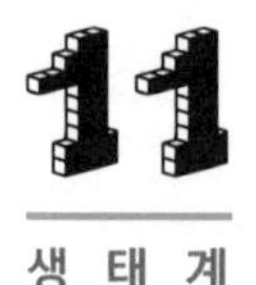

생 태 계

"먹이사슬을 무너뜨려 생태계를 교란시킨다?"

온난화는 다양한 양상으로 생태계 교란을 일으켜서 생물들에게 큰 피해를 입힐 수 있다. IPCC는 온난화로 평균 기온이 1.5~2.5도 올라가면 동식물 종의 약 20~30퍼센트가 멸종할 위험이 있다고 경고한다.

기온이 수백만 년에 걸쳐 서서히 변한다면 생물들도 그에 맞추어 변화하면서 적응할 수 있다. 하지만 수십 년 사이에 기온이 급변하면 생태계가 미처 적응하지 못해 교란이 일어나며, 서식지가 교란되어 많은 생물들이 피해를 입는다.

지난 수십 년에 걸쳐 북아메리카의 겨울 기온이 따뜻해지면서, 철새들 중 약 60퍼센트는 훨씬 더 북쪽까지 올라가고 있다. 그 결과 갑작스러운 추위에 더 취약해졌다. 또 내륙의 물새들은 건조하고 더운 날씨에 습지가 마르면 위험에 처할 것이며, 물가의 새들은 해수면 상승과 더 강력한 폭풍우에 서식지를 잃을 수 있다.

온난화는 서식지 상실 외에 공생하는 생물들의 관계를 파탄 냄으로써 멸종을 불러올 수 있다. 수온 상승이 산호의 공생 관계를 파탄 내어 전멸시킬 수 있는 것처럼, 육지의 기온 상승은 많은 공생 관계를 파탄 낼 수 있다.

많은 식물은 동물의 도움을 받아 꽃가루를 옮기며, 대신 동물에게 꿀 같은 먹이를 제공한다. 그런데 온난화로 식물의 꽃이 피는 시기가 달라지면 이 주고받는 공생 관계가 교란될 수 있다. 꽃가루를 옮기는 동물 종의 17~50퍼센트가 영향을 받을 수 있다는 연구 결과가 있다. 그 결과 꿀벌 같은 동물은 먹이를 얻지 못해 수가 줄어들 것이고, 덩달아 식물도 꽃가루받이를 못해 번식하지 못할 것이다.

지구에서 가장 멸종 위험에 처한 동물은 아마 양서류일 것이다. 양서류는 살아가려면 물과 땅 양쪽이 다 필요하기에 기후 변화에 따른 서식지 교란에 더 취약할 수밖에 없다. 현재 양서류는 전 세계에서 급격히 사라지고 있으며, 그 원인은 다양하다. 연구자들은 최근에 일어난 남아메리카 우림의 토종 양서류 멸종이 유독한 항아리곰팡이에 감염된 탓이라고 보고 있다.

중요한 점은 온난화로 따뜻한 기온이 계속됨으로써 항아리곰팡

항아리곰팡이에 걸려 죽은 개구리

이의 분포 범위가 늘어남으로써 양서류가 사라졌을 가능성이 높다는 것이다. 호주와 유럽에서도 이 가설을 뒷받침하는 연구 결과가 나와 있다.

파충류도 기온 변화의 영향을 직접적으로 받을 수 있다. 악어, 도마뱀, 거북 등 파충류 중에는 기온에 따라 성별이 결정되는 종류들이 꽤 있다. 호주의 고산 지대에 사는 한 도마뱀은 알이 발생할 때 주변 온도가 높으면 깨어난 새끼들이 모두 수컷이 된다. 많은 거북 종들은 주변 온도가 낮으면 알에서 깨어난 새끼들이 모두 수컷이 되고 높으면 모두 암컷이 된다. 북아메리카의 악어인 앨리게이터는 고온과 저온에서는 암컷이, 중간 온도에서는 수컷이 된다.

이렇게 기온에 의존하는 성 결정 기구를 지닌 파충류는 나름대로 성비의 균형이 유지될 수 있도록 적절한 환경에 알을 낳겠지만, 지금처럼 기온 상승 추세가 지속된다면 그런 세심함이 아무 소용이 없을 수도 있다. 온도가 적당한 곳을 더 이상 찾을 수가 없어서, 암컷이나 수컷만 계속 깨어난다면 결국에는 멸종할 수밖에 없다. 서늘한 곳에 적응한 파충류가 특히 더 피해를 입을 것이다.

생태계의 교란은 인간의 건강에도 피해를 입힐 수 있다. 온난화로 모기 유충을 먹이로 삼는 개구리 같은 양서류와 어류, 수서 곤충의 수가 줄어든다. 호주의 생물학자 리처드 샤인은 인공 연못들을 만들어 모기 유충인 장구벌레와 올챙이를 함께 넣고 키우는 실험을 했다. 샤인은 올챙이가 있을 때 장구벌레의 생존율이 약 절반으로 줄어든다는 것을 알았다. 둘이 먹이와 서식지 측면에서 경쟁 관계에 있기 때문이다. 따라서 올챙이가 줄어들면 그만큼 모기는 많아진다. 또 올챙이가 자라서 된 개구리는 장구벌레를 먹어치우기 때문에, 개구리가 사라지면 모기는 이중으로 혜택을 보는 셈이다.

이렇게 생태계 교란은 먹이 사슬을 파괴함으로써 생물 다양성 자체를 급감시킬 수 있다. 환경 변화에 취약한 종들은 탄광 속의 카나리아와 같은 역할을 한다. 위험이 닥친다는 것을 미리 알려 준다. 그들이 사라진다면 우리도 곧 그 뒤를 따를지 모른다.

온난화가 항아리곰팡이의 분포 범위를 늘림으로써 남아메리카 토종 양서류의 멸종을 야기했다는 연구 결과는 앨런 파운즈를 비롯한 여러 연구자들이 내놓은 결과다. 하지만 그 연구 결과는 결정적인 것이 아니며, 반론도 제기되어 왔다. 온난화와 양서류 멸종의 연관성을 다룬 연구들은 아직까지 모델을 토대로 추정한 것이지, 명확한 인과 관계를 입증한 것은 아니다.

기후 변화가 생태계에 어떤 영향을 미치는지는 아직 명확히 밝혀진 것이 아니다. 그러기에 생태학의 주요 과제라고 말하지 않는가. 온난화에 생태계가 어떤 반응을 보일지는 아직까지 분명하지 않다. 물론 적응하지 못해 사라지는 동식물도 있을 것이다.

하지만 열대나 아열대의 동식물처럼 분포 범위가 오히려 늘어나는 종류도 있다. 그런 동식물이 반드시 해로운 것만은 아니다. 많은 아열대 과일은 재배 가능 지역이 더 늘어남으로써 더 저렴하게 맛볼 수 있을 것이다.

또 온난화가 일어난다고 해서 숲 전체가 사라진다고 할 수도 없다. 오히려 기존 숲에 난대성 식물이 침입하여 서서히 숲의 조성이 바뀔 가능성도 있다. 난대림에 속한 수종들이 서서히 침입하고, 온대림에 속한 수종들은 조금씩 더 북쪽이나 고지대로 올라갈지도 모른다. 우리에게 친숙한 소나무 같은 침엽수는 보기 드물어질지 몰라도, 남쪽에서 보는 활엽수는 더 늘어날 것이다.

취약한 생태계도 있는 반면, 잘 견디면서 복원력이 뛰어난 생태계도 있다. 산불로 황폐해진 땅에 곧 다시 숲이 우거지듯이 파괴된 생태계는 시간이 흐르면 다시 복원될 수 있다. 온난화로 생태계가 교란된다고 해서 그것이 반드시 파괴와 멸종을 의미하지는 않는다. 생태계가 온난화에 어떻게 반응할지는 구체적으로 연구를 해봐야 알 것이다.

수만 년 전 빙하기에 인류는 북아메리카로 넘어가서 매머드를 비롯한 많은 대형 포유류를 전멸시키는 데 기여했다. 하지만 그렇다고 북아메리카의 생태계가 완전히 파괴된 것은 아니다. 먹이 사슬도 마찬가지다. 호랑이 같은 최상위 포식자가 사라졌다고 해도 먹이 종이 무수히 불어나지는 않는다. 생태계는 나름대로 적응하여 포식자와 먹이 사이에 균형을 이룬다.

우리는 생태계를 이야기할 때면 으레 변화가 곧 파괴라고 전제한다. 하지만 실제로 자연은 그렇지 않은 사례를 많이 보여 준다. 온난화로 생태계에 교란이 어느 정도 일어나며, 생태계가 어느 정도로 복원 능력을 보여 주는지를 구체적으로 연구하지 않은 채, 종이 몇 퍼센트가 사라진다는 식으로 주장하는 것은 성급하다. 그것이 설령 컴퓨터 모형을 토대로 한다고 해도, 컴퓨터 모형은 어떤 자료를 입력하느냐에 따라 결과가 달라진다. 실제 구체적인 생태계 자료가 부족한 상태에서 컴퓨터 모델로 나온 결과가 확실하다고 주장하는 것은 어폐가 있다.

생물은 변화하고 진화하기 마련이다. 지구 역사 전체를 보면 이루 헤아릴 수 없이 많은 다양한 생물들이 진화해 왔다. 그리고 지금 살고 있는 생물들보다 훨씬 더 많은 생물들이 사라져 갔다. 지구는 다섯 번의 대량 멸종 사건을 겪었다. 약 6천 500만 년 전 백악기 말에 공룡을 비롯한 생물들이 한꺼번에 사라진 일이 가장 최근의 사건이었다. 또 생물 종의 50퍼센트 미만이 사라지는 더 소규모의 멸종 사건들도 많이 일어났다. 그리고 과학자들은 인류세인 지금 여섯 번째 대량 멸종이 진행되고 있다고 본다. 과거에 일어났던 멸종 사건들과 달리, 이번 멸종은 인류라는 단 한 종이 다른 생물들을 없애는 형태다. 멸종을 우려하는 과학자들은 환경오염, 서식지 파괴와 교란, 남획뿐 아니라, 온실가스 배출을 통한 기후 변화도 이 멸종에 큰 기여를 한다고 본다. 인류가 지구에 일으키는 환경 변화를 전체적으로 볼 때, 기후 변화는 생물 종들에게 어떤 영향을 미치고 있을까?

영구동토대

"영구동토대가 녹으면?"

영구동토대는 땅이 항상 얼어 있는 곳을 말한다. 짧은 여름 동안 땅의 표면이 녹기는 하지만 그 밑은 늘 그대로 얼어 있는 곳이다. 러시아나 알래스카, 캐나다 북부의 여름에 두껍게 이끼로 뒤덮인 땅을 약 30센티미터만 파 들어가면 꽁꽁 얼은 흙이 나온다. 이 얼음은 여름 내내 녹지 않으며, 수천 년 혹은 그 이전부터 얼어 있었다. 여름에는 지표면에서 최대 1미터 깊이까지 녹는 곳도 있긴 하지만, 겨울이 되면 다시 얼어붙는다. 얼어붙은 땅의 깊이는 지역에 따라 몇 미터에서 수백 미터에 이르기도 한다.

영구동토대를 결정하는 가장 중요한 요인은 연평균 기온이다. 영구동토층은 연평균 기온이 영하로 유지되는 곳에서 생긴다. 영구동토대는 북반구의 거의 4분의 1을 차지한다. 현재의 세계 기후는 남극과 북극 지방이 영구히 얼어붙은 상태를 전제로 한다. 영구동토대가 녹으면 현재의 기후 체계가 불안정해질 수 있다.

온난화는 토양의 온도도 높인다. 영구동토대의 경계에 해당하는 저위도 지방에서는 토양 온도가 0도에 가까워짐으로서 이미 영구동토대가 녹기 시작한 곳도 있다. 이 추세가 계속된다면, 현재 토양 표면이 녹았다 얼었다 하는 지역의 영구동토층은 완전히 사라질 것이다. 다 녹는 데 수백 년에서 수백만 년이 걸릴 수도 있지만, 중요한 점은 일찍 녹기 시작하는 지하 수십 미터까지의 영역이 세계 기후에 가장 큰 영향을 미친다는 것이다.

영구동토층이 녹으면 생태계, 지반 구조, 탄소 순환, 물의 순환에 큰 영향이 미친다. 영구동토층은 대개 배수가 잘 안 되기 때문에 표면이 녹으면 땅이 질척거리고 산소 공급이 안 되어 나무들이 죽을 수 있다.

그리고 영구동토층에 들어서 있는 아한대림과 툰드라는 큰 변화를 겪을 것이다. 습지로 바뀌거나 초원으로 변할 가능성이 높다. 온난화가 더 지속되면 배수 상황이 좋아져서 흙이 마르고 습지가 줄어들 것이다. 또 영구동토층이 녹을 때, 그 위에 세워진 집, 도로, 공항이 무너지거나 수도관과 하수관 등의 관거가 파손될 가능성도 높다.

더 중요한 점은 영구동토층에 엄청난 양의 탄소가 저장되어 있다는 것이다. 짧은 여름에 자랐던 식생이 겨울에 채 분해되지 않은 채 그대로 쌓이는 과정이 반복되면서 엄청난 유기물이 얼어붙은 상태로 보존되어 있다. 대기 전체에 들어 있는 것보다 2.5배나 많은 탄소가 들어 있다. 영구동토층이 녹아서 이 유기물이 분해되면 엄청난 양의 메탄과 이산화탄소가 빠르게 대기로 방출된다. 메탄은 이산화탄소보다 25배나 강한 온실가스다.

영구동토대는 현재 러시아 영토의 약 63퍼센트를 차지한다. 금세

영구동토대에서 기후 변화를 관측하는 과학자

기 중반까지 러시아의 이 드넓은 영구동토대 중 최대 30퍼센트가 사라질 전망이다. 러시아 정부는 러시아 영구동토대 면적이 25~30년 안에 10~18퍼센트, 2050년경에는 15~30퍼센트가 사라질 것이라고 예상하고 있다. 즉 영구동토대의 경계는 지금보다 북쪽으로 약 150~200킬로미터 이동할 것으로 예측된다.

북반구 토양에는 약 1천 700억 톤의 탄소가 들어 있으며, 그 중 약 88퍼센트가 영구동토대에 갇혀 있다. 대기 탄소의 약 2.5배에 해당한다. 온난화가 일어나면 세균이 유기물을 분해할 것이고, 양의 되먹임 고리가 일어나면서 온난화가 가속될 것이다. 그러면 기후가 급변할 가능성이 높다. 그런데도 영구동토대의 해동 문제는 지니고 있는 위험에 비해 연구가 덜 이루어지고 있다.

컴퓨터 모형은 영구동토대가 녹으면서 현재 인간 활동으로 배출되는 연간 탄소량에 약 15퍼센트가 추가로 배출될 것이라고 예측한다. 현재의 화석연료 이용 추세가 계속되면 이 비율은 35퍼센트까지도 늘어날 수 있다. 반면에 인류가 이산화탄소 배출량을 줄이면, 이 비율을 10퍼센트로 유지할 수도 있다.

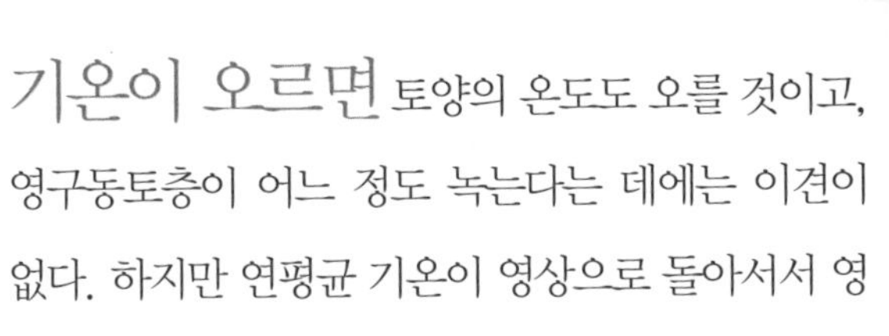
기온이 오르면 토양의 온도도 오를 것이고, 영구동토층이 어느 정도 녹는다는 데에는 이견이 없다. 하지만 연평균 기온이 영상으로 돌아서서 영구동토층이 녹는 지역은 당분간은 현재 영구동토대의 경계에 해당하는 가장자리에 국한될 가능성이 높다. 기온이 상승한다고 해도 더 북쪽은 여전히 연평균 기온이 영하를 유지할 것이기 때문이다.

그리고 영구동토대가 녹는다는 주장을 할 때는 얼마나 오래 걸릴 것이라는 단서를 꼭 달아야 한다. 영구동토대가 어느 정도라도 녹으려면 적어도 수십 년에서 수세기가 걸릴 것이다. 물론 탄소 연료 연소 추세가 지금처럼 계속되어 온난화가 가속되어 갑작스럽게 영구동토대가 녹을 수 있다는 주장도 있지만, 그것은 예측 불가능한 사건을 전제로 한 것이기에 찬반 논의 자체가 어렵다.

또 영구동토대가 녹았을 때 어떤 일이 벌어질지에 대해서는 아직 연구가 많이 진행되어 있지 않다. 영구동토층이 녹으면 얼어붙어 있던 유기물이 녹으면서 미생물이 활발하게 분해할 것이다. 그러면 메탄과 이산화탄소가 대기로 방출될 것은 분명하다. 하지만 그 양이 얼마나 될지 정확히 예측하기는 어렵다.

현재의 예측값들은 영구동토대의 토양을 조사하여 탄소 함량을 분석하고 녹였을 때 시간별로 얼마나 많은 탄소가 방출되는지를 실험한 자료와 컴퓨터 모형을 이용하여 얻은 것이다. 하지만 과연 그

값들이 온도가 상승하면서 그 토양에 식생이 얼마나 많이 들어설지, 그 식생이 얼마나 많은 탄소를 흡수할지까지 고려한 것일까?

온난화가 일어나면 현재의 영구동토대에 식물이 왕성하게 자랄 것이고, 호수에도 조류가 우글거릴 것이다. 또 온난화로 지구 전체에서 광합성 활동이 더 활발하게 일어날 것이라는 점도 고려해야 한다. 영구동토층이 녹을 때 배출되는 탄소에만 초점을 맞춘다면, 전체 그림을 보지 못할 수 있다.

기온이 올라가면서 시베리아에는 마치 도로에 난 땅꺼짐처럼, 넓은 영구동토층 한가운데 거대한 구멍크레이터이 뚫리는 일이 이따금 일어나고 있다. 폭이 수십 미터에 깊이가 100여 미터에 이르기도 하는 이런 구멍이 왜 생기는지는 아직 수수께끼다. 하지만 이 크레이터를 조사하는 러시아 과학자들은 그것이 온난화와 관련이 있을지 모른다고 추정하고 있다. 온난화로 기온이 상승하면서 그 속에 갇혀 있던 메탄 같은 것들이 기화되어 부피가 늘어나 압력이 커지면서 폭발한 흔적일 수 있다는 것이다. 아직은 확실히 밝혀진 것이 아니지만, 실제로 그렇다면 시베리아 같은 영구동토대가 녹는다고 해도, 그곳으로 이주하기가 좀 망설여지지 않을까?

되먹임 효과

"기후라는 복잡계에서 인류는 아직 초보?"

한 세기 안에 지구 평균 기온이 최대 6.5도 상승할 것이라고 예측하는 이들은 이른바 양의 되먹임positive feedback을 자주 언급한다.

그들은 대기 이산화탄소 농도가 산업사회 이전 수준(280ppm)의 두 배(560ppm)가 되면, 그 자체로는 지구 평균 기온이 약 1.2도 오를 뿐이지만, 양의 되먹임 작용으로 온난화가 더욱 심해질 것이라고 본다. 기온 증가로 빙하가 녹으면 하얗게 뒤덮여 있던 땅이나 바다가 더 많이 드러난다. 그러면 들어오는 햇빛을 우주로 다시 반사하는 하얀 표면이 적어져서, 지구가 햇빛을 우주로 반사하는 비율알베도이 줄어든다. 영구동토층이 녹아서 엄청난 양의 메탄과 이산화탄소가 대기로 방출되고, 바다 깊숙한 곳에 얼어붙어 있는 메탄하이드레이트가 녹아 엄청난 양의 메탄이 뿜어지는 등등의 일이 일어남으로써 온난화가 더욱 가속된다는 것이다.

하지만 이런 양의 되먹임 효과가 정말로 있다면, 그것이 왜 지금까지는 그다지 작용하지 않은 것일까? 산업혁명 이전부터 지금까지 대기 이산화탄소 농도가 상승할 때까지는 일어나지 않은 것일까? 양의 되먹임이 그토록 강력하다면 지금도 일어났어야 마땅하지 않을까? 왜 이산화탄소 농도가 두 배로 증가할 때에야 비로소 일어난다고 가정하는 것일까?

기후는 복잡한 양상을 띠며, 양의 되먹임이 있다면 음의 되먹임도 있다. 한 예가 성층권 수증기 농도다. 2000~2010년 사이에 지표면 기온은 예상보다 덜 상승했다. 성층권의 수증기 농도가 줄어든 것이 이유일 수 있다는 연구 결과가 있다.

성층권의 수증기는 주로 열대에서 상승 기류를 통해 유입되는데, 1990년대에는 이 농도가 약 10퍼센트 줄었고, 그 결과 지표면의 기온 증가율이 온실가스를 통해 예측한 값보다 약 25퍼센트 낮아졌다. 1990년대에는 성층권 수증기 농도가 높아져서 예상한 값보다 지표면 기온이 30퍼센트 더 상승했다. 성층권 수증기 농도가 변하는 이유는 아직 잘 모른다.

온난화로 대기 수증기 농도가 증가하리라는 것은 분명하며, 수증기도 온실가스임에는 분명하지만, 이 사례에서 보듯이 수증기의 되먹임 양상이 반드시 명백한 것은 아니다. 우리는 기온 상승과 되먹임이 다양한 양상으로 이루어지며, 아직 밝혀지지 않은 음의 되먹임도 있을 수 있다는 점을 염두에 두어야 한다.

기온이 올라갈수록 대기의 수증기량도 많아진다. 수증기도 온실가스이므로 늘어난 수증기는 온난화를 더욱 가속시킬 것이다. 늘어난 수증기가 온실 효과를 얼마나 증대시킬지는 기후 모델에 따라 다르게 나오지만, 양의 되먹임을 통해 온난화를 가속시킨다는 점에는 논란의 여지가 없다.

늘어난 수증기가 오히려 온난화를 억제할 수 있다는 주장은 늘어난 수증기로 형성될 구름이 온난화를 억제하는 역할을 할 수 있다고 보기 때문이다. 사실 구름은 온난화 예측을 가장 어렵게 만드는 요소 중 하나다.

구름은 온난화에 양쪽으로 작용한다. 태양에서 오는 햇빛을 반사하고 간직한 열을 우주로 내보냄으로써 온난화를 억제하는 한편으로, 지상에서 올라오는 적외선을 가두어서 온난화를 부추기는 역할

노르웨이의 성층권 구름

도 한다. 즉 구름은 종류, 면적, 높이, 조성(얼음 알갱이, 먼지 등)에 따라 온난화를 부추길 수도 있고 억제할 수도 있다.

구름이 어떤 역할을 할지를 놓고 여전히 학계에서 논란이 일어나고 있지만, 최근의 온난화 모형 연구들은 구름이 온난화를 부추기는 쪽이라는 결과를 내놓고 있다.

온난화를 가속시키는 되먹임을 수증기와 구름만 일으키는 것은 아니다. 눈, 얼음, 빙하로 덮인 지표면 면적이 줄어들면 지구의 반사율이 낮아질 수 있다. 얼음 같은 하얀 표면은 우주에서 오는 햇빛을 다시 우주로 반사시켜서, 지구를 냉각시키는 역할을 한다.

온난화로 육지와 바다의 빙하 면적이 줄어들면 반사율이 낮아져서 지구는 태양 에너지를 더 많이 흡수하면서 더욱 더워질 것이다. 육지에 두껍게 쌓였던 빙하가 녹으면 그 무게에 짓눌려 있던 땅이 상승하면서 지진이 일어나며, 그 지진에 빙하가 다시 떨어져 나갈 것이다. 또 영구동토대에서는 녹은 땅이 많은 메탄과 이산화탄소를 내뿜어 온난화를 더욱 가속시킬 것이다.

온난화를 비판하는 이들은 온난화가 어느 수준에 이르면 음의 되먹임이 더 활발하게 일어나면서 기후가 안정될 테니 별 문제가 없을 것이라고 주장한다. 하지만 그렇게 다시 안정 상태에 들어선 기후는 현재의 기후와 전혀 다를 것이다. 그 과정에서 인류는 엄청난 피해를 입을 것이 분명하다.

기후는 복잡계이며, 이런 복잡계를 설명하고 예측하는 분야에서 아직 우리는 초보 단계에서 벗어나지 못하고 있다. 그런 문제가 심각하다고 단정할 수 없다고 할지라도, 별것 아니라고 장담할 수도 없다.

우리가 복잡계에 관해서 확실히 알고 있는 한 가지는 변화가 어느 문턱을 넘어서면 상전이가 일어난다는 것이다. 우리는 경험 법칙을 통해 물이 0도에서 얼음이 되고 100도에서 끓어 기체가 된다는 것을 안다. 하지만 기후라는 복잡계에서는 언제, 어떻게 상전이가 일어날지 알 수 없다.

기후 변화의 피해가 별것 아니며 대책에 들어가는 비용이 오히려 현재 인류에게 더 큰 피해를 안겨 준다고 보는 측은 이 상전이 개념을 고려하지 않는다. 기후에 상전이가 일어날 때, 인류뿐 아니라 다른 생물들은 미처 적응할 시간이 없을 것이다.

되먹임피드백은 어떤 반응의 출력이 입력에 영향을 미치는 것을 가리킨다. 스피커 바로 앞에서 마이크에 대고 말을 하면, 스피커에서 나오는 소리인 출력이 다시 마이크로 입력되어 한없이 소리가 더 커진다. 그것이 바로 양의 되먹임이다. 반면에 음식을 먹으면 포만감이 느껴지면서 음식이 점점 맛이 없어지게 되어 수저를 놓게 된다. 그것이 바로 음의 되먹임이다. 온실가스 증가로 온난화가 일어날 때, 어떤 양의 되먹임과 음의 되먹임이 일어날 수 있을까?

"기후 난민이 발생한다?"

대처 능력

온난화는 해수면 상승, 강력한 태풍, 홍수와 가뭄, 사막화, 물 부족, 폭염과 혹한을 일으킬 수 있다. 극심한 피해가 되풀이되거나 회복 불가능한 피해가 일어난다면, 해당 지역의 주민들은 다른 곳으로 떠날 수밖에 없다. 그 결과 기후 난민이 생긴다. 바다 한가운데의 섬이나 해안 지역에 사는 주민들, 사막의 언저리에 사는 사람들이 난민이 될 가능성이 가장 높다.

금세기 말까지 해수면은 1미터 넘게까지도 상승할 수 있다. 그러면 많은 지역이 물에 잠길 것이다. 특히 인구와 농경지가 모여 있는 동남아의 삼각주가 그렇다. 그곳의 주민 수백만 명은 다른 곳으로 이주할 수밖에 없다. 또 전 세계에는 해안에 자리한 대규모 도시가 많다. 런던, 뉴욕, 홍콩, 상하이, 도쿄 등 우리가 아는 대도시 중 상당수가 바닷가에 있다.

강과 바다가 만나는 삼각주는 대개 인구가 많이 모여서 농사를 짓는 곳이며, 그런 곳이 물에 잠기면 난민 문제뿐 아니라 식량 문제도 일어날 것이다. 해안과 강 유역을 제외한 대부분의 땅이 사막인 아랍 지역의 국가들은 특히 심각한 피해를 입을 것이다.

인구는 적긴 하지만, 나라 자체가 사라질 위험에 처한 곳들도 있다. 바로 섬나라들이다. 투발루, 몰디브 같은 섬나라들은 거의 물에

지구온난화에 따른 기후 난민 (중앙일보, 2009년)

방글라데시	볼라 섬 침수로 난민 **50만** 명 발생
세네갈·차드·수단 등	가뭄으로 난민 **1천만** 명 발생
필리핀	홍수로 **400만** 명 이주
미얀마	사이클론 피해로 난민 **100만** 명 발생
몰디브·투발루·키리바시	수몰 위기로 해외 토지 매입 추진

기후 난민촌을 표현한 독일 작가의 행위 예술 작품

잠겨 사라질 가능성이 높다. 설령 섬 자체가 사라지지 않더라도 해수면 상승으로 바닷물이 땅속으로 침투함으로써 지하수를 식수나 농업용수로 쓸 수 없게 될 가능성이 높다. 이미 다른 나라나 높은 지대로 인구를 이주시키는 계획을 수립한 섬나라도 있다.

우리나라도 예외가 아니다. 국립해양조사원은 제주항의 해수면이 약 30년 사이에 약 15센티미터 상승했다고 했다. 세계 평균의 세 배에 해당한다. 그보다 상승폭은 낮지만, 한반도 해안 전체에서 해

수면이 상승했다.

또 기온 상승은 태풍, 허리케인 같은 폭풍우의 강도를 높이고, 홍수와 가뭄의 피해도 심화시킨다. 2005년 허리케인 카트리나로 미국의 뉴올리언스가 침수된 것도, 2011년 여름 4개월에 걸친 홍수로 태국이 물바다가 된 것도 온난화와 관계가 있다. 동남아시아뿐 아니라 이미 전 세계 전역이 이런 극심한 기후 사건으로 피해를 입고 있다.

또 온난화는 사막의 면적을 늘려서 사막 주변 지역에 살던 주민들을 내몰고 있다. 사하라 사막은 이미 빠른 속도로 늘어나고 있다. 유엔 사막화 회의에서는 2020년이면 아프리카 사하라 남부에 사는 주민 중 최대 6천만 명이 사막 확대로 집을 잃고 북아프리카와 유럽으로 이주할 것이라고 예측했다. 사막화는 아프리카만의 이야기가 아니다. 남아메리카의 여러 나라에서도 같은 일이 일어나고 있다.

대규모의 기후 난민은 각국의 경제, 사회, 문화에 많은 숙제를 안겨줄 것이며, 국경 분쟁을 야기할 수 있다.

대규모의 기후 난민이 발생할 수 있다는 주장의 오류는 첫째로 경제 발전, 사람들의 대처 능력과 학습 효과 같은 발전 가능한 요인들을 전혀 고려하지 않는다는 것이다. 어떤 자연 재해든 간에 반복되면 학습 효과가 나타나고 인류는 그에 대처하는 조치를 취해 왔다.

해수면이 상승하면 당연히 제방을 쌓을 것이고, 좀 더 내륙으로 물러날 것이다. 또 경제가 발전하여 재해에 대처할 만큼 충분한 자원을 지니게 된다면, 신도시 조성 등을 통해 재해 지역의 주민을 이주시킬 수 있다.

뉴올리언스와 태국 홍수 사태에서 볼 수 있듯이, 일시적으로 지역 혹은 세계 경제에 타격이 올 수도 있지만, 정부와 기업이 대처할 능력이 있다면 머지않아 정상으로 돌아갈 수 있다. 따라서 온난화 자체보다는 해당 지역 정부의 무능과 부패가 난민 발생의 더 주된 요인이라고 할 수 있다.

또 난민은 인류 사회에 늘 있어 왔으며, 주된 원인은 전쟁, 내전, 대량 학살 등이다. 지금도 전 세계에는 고향에서 내몰리고 기아에 시달리는 사람들이 많지만, 주된 이유는 환경이 아니라 정부의 무능과 부패, 외면 때문이다. 가뭄이 다년간 계속되어 수많은 사람들이 기아에 허덕이는 나라도 있지만, 그런 나라는 대부분 무능과 부패 등으로 정부가 사실상 제 기능을 못하고 있다. 민주주의 정부가 설립되어 국민의 신뢰를 얻고 국제 사회의 협조를 얻어 대처 능력을 회복한다면, 굶주리는 난민의 수를 크게 줄일 수 있다.

자연 재해처럼 보여도 사실상 인재인 사례가 많다. 태풍, 홍수, 가뭄, 해수면 상승 등의 피해를 논의할 때에도 우리는 대개 당국의 대처와 관리 부실을 따지지 자연력이 유례없이 강한 위력을 발휘한 탓이라고는 이야기하지 않는다. 경제력과 자원 동원 능력이 충분한 나라라면 자연의 힘을 얼마든지 다스릴 수 있다.

엄청난 지진에 나라 전체가 쑥대밭이 된 아이티와 그에 버금가는 재해를 입고서도 별 타격이 없는 일본의 사례를 비교해 보라. 중요한 것은 온난화가 아니라 거기에 대처할 수 있는 능력이다.

더 고민해 보자!

태풍이나 폭염, 혹한 같은 극단적인 사건으로 큰 재해가 일어났다고 하자. 그것을 자연의 위력 때문에 일어난 불가항력적인 사건으로 봐야 할까, 아니면 미흡한 대책 때문에 일어난 인재라고 봐야 할까? 중세 마녀 사냥이 잘 보여 주듯이, 인간은 이해 불가능하거나 불가항력적인 일이 벌어졌을 때 희생양을 찾으려는 성향이 있다. 지금 일어난 재해를 인재라고 주장할 때, 그런 성향이 반영된 것일까, 아니면 정말로 대책 미흡이 피해를 가중시키는 데 중대한 역할을 한 것일까? 온난화 자체가 인류가 일으킨 것이라면, 온난화로 일어나는 모든 자연 재해는 인류가 일으킨 것이라고 할 수 있을까? 그렇다면 피해는 누가 보상해야 할까? 지금까지 온실가스를 배출하면서 성장한 선진국일까? 아니면 현재의 피해를 예방해야 하는 일을 맡은 사람들일까? 아니면 우리가 어찌할 수 없는 자연의 힘이라고 받아들여야 할까?

어떻게 해결책을 찾을까

모든 환경 친화적인 행동이 그렇듯이,
누구나 말로 하기는 쉬워도 진짜 실천하기란 쉽지 않다.
게다가 각자 처한 입장에 따라,
기후 변화를 심각하게 여기는 정도도 달라진다.
온난화로 일어날 감염병 확산 같은
환경 변화의 위기를 실감하는 이들이 있는 반면,
당장의 경제 발전이 가장 중요하다고 여기는 이들도 있다.
그리고 경제 발전과 환경 문제를 조화시킬 수 있다고 믿는 이들도 있다.

정책과 로비

"온난화보다 더 시급한 일들도 많다?"

온난화가 파국을 가져올 것이라는 예측에는 불확실한 부분이 많다. 그 예측이 현실성이 있으려면 모호한 측면들이 더욱 상세히 밝혀져야만 한다. 한 예로 1990년대에는 온난화가 태풍의 발생 빈도를 증가시킬 것이라는 예측이 난무했다. 하지만 실제로 조사해 보니 태풍의 발생 빈도는 늘어나지 않고 오히려 줄어들었다.

또 온난화가 홍수, 가뭄 같은 기후 현상의 강도를 높여서 더 큰 피해를 입힌다는 주장도 으레 나오지만, 지역에 따라서는 그렇지 않거나 정반대 경향도 나타나며, 그렇지 않다고 예측하는 모형도 많다.

시간이 흐르면서 수증기, 구름, 숲, 사막, 바다 등 기후 현상과 관련된 모든 요소들이 온난화를 부추긴다고 하는 연구 결과들이 계속 늘어나고 있지만, 그것은 객관적인 결과이기보다는 사회 분위기가 바뀐 데 힘입은 덕분일 수도 있다. 온난화와 파국을 연관 짓는 견해가 그리 우세하지 않았던 1990년대 초까지는 온난화를 억제하는 기후 요소들이 있다는 주장도 많이 나왔다. 하지만 대중 언론이 온난화에 따른 파국을 거의 기정 사실화한 뒤로는 그런 연구 결과가 거의 나오지 않고 있다. 연구자 스스로가 검열을 할 수도 있고, 온난화가 일어난다는 결론이 나오도록 자료를 입력할 수도 있다. 또 온난화가 일어나지 않는다는 연구 결과를 내놓으면 더 이상 연구비를 받지 못할 수도 있다. 온난화가 연구비를 따내는 좋은 수단이라는 비아냥거림도 종종 들린다.

지금은 온난화가 파국을 일으킬 것이라는 쪽으로 패러다임 전환이 일어난 지 얼마 되지 않은 상황이다. 즉 온난화를 옹호하는 방향의 연구 결과가 마구 쏟아질 시점이다. 반론이 이따금 나오긴 해도 외면당하거나 상대방의 집중 포화를 맞을 가능성이 높다. 이런 상황에서 누가 온난화가 일어나지 않는다고 말하겠는가? 덴마크의 통계학자 비외른 롬보르는 수많은 통계 자료들이 환경주의자들의 주장과 다르다는 연구 결과를 내놓았다가, 환경 파괴와 파국을 주장하는 수많은 사람들로부터 집중포화를 맞았다.

인류가 파국으로 향하고 있다는 예측을 내놓았다가 예측이 틀

과학선구자들도 틀린 예측을 한다.
1923년에 노벨물리학상을 받은
로버트 밀리컨은 인류가 원자력을
이용하는 건 불가능하다고 단언했다.

렸음이 드러난 사례를 우리는 흔히 볼 수 있다. 대표적인 사례가 1972년 로마클럽이 내놓은 『성장의 한계The Limit to Growth』라는 보고서다. 이 보고서는 인구 증가가 계속되고 자원은 부족하여 결국 인류는 파국에 이를 것이라고 예측함으로써 전 세계를 충격에 빠뜨렸다. 하지만 이 보고서에 예측된 내용 중에는 틀린 것으로 드러난 사례가 많다. 2000년쯤이면 화석연료가 고갈될 것이라는 예측이 대표적이다. 또 선진국의 출산율 감소도 예측하지 못했다.

이런 사례들은 미래 예측이 얼마나 어려운 일인지를 잘 보여 준다. 또 파국을 예측하는 시나리오들은 인류의 과학기술 발전을 도외시하는 경향이 있다. 과학의 역사를 보면, 더 이상의 발전은 이제 없을 것이라고 주장한 저명한 과학자들이 많다. 거기에는 노벨상 수상자들도 있었다. 하지만 과학 발전의 선봉에 섰던 그들의 예측은 여지없이 틀린 것으로 드러났다.

인류의 과학기술은 지금까지 제기된 문제들을 계속 해결해 왔다. 화석연료 고갈을 극복할 태양열, 풍력, 조력, 원자력 등 다양한 에너지원 확보 기술도 계속 발전하고 있다. 이런 추세로 볼 때 온난화가 파국으로 이어질 것이라는 예측은 틀린 것으로 드러날 가능성이 높다. 정말로 온난화가 문제가 된다면, 우주에서 햇빛이 들어오는 양을 줄이는 기술을 실현시킬 수도 있으며, 대기의 이산화탄소를 대폭 줄일 기술도 개발할 수 있다. 그것은 그저 인류가 그런 일에 얼마나 자원과 노력을 집중하느냐의 문제일 뿐이다. 그렇게 해야 한다는 판단이 충분히 서면 인류는 어떻게든 대처할 것이다.

하지만 예측에 불확실한 부분이 너무나 많은 현 시점에서 그쪽으로 인류의 자원과 노력을 쏟아붓는다는 것은 무리다. 인류에게는 기아, 재해 등 더 우선적으로 해결해야 할 과제들이 많기 때문이다.

온난화 우려가 연구비를 따내려 하는 연구자들이나 이른바 온난화로 먹고사는 이들의 로비에서 비롯된 것이라는 주장은 손가락으로 가리키는 곳이 아니라 가리키는 손가락에 낀 보석 반지에만 관심을 쏟는 것과 같다. 쟁점이 되는 주제에 연구자들이 몰리는 것은 당연하며, 기후 연구가 가진 중요성에 비추어 볼 때 많은 연구비가 지원되는 것도 당연하다.

온난화와 관련된 예측 중에서 틀린 것으로 드러난 사례들이 있다는 사실 자체는 오히려 온난화 연구 결과의 심사와 검증 체계가 제대로 작동한다는 증거다.

또 다양한 기후 요소들이 온난화를 지지하는 쪽으로 연구 결과들이 몰리는 것도 당연하다. 그것들이야말로 다양한 요소들이 온난화를 가속시키고 있음을 보여 주는 증거이기 때문이다. 과거에 틀린 예측이 종종 나오곤 했던 것은 주로 실측 자료의 부족과 모델의 엉성함 때문이었다.

하지만 지난 20~30년 사이에 대기뿐 아니라 빙하 코어, 수온, 퇴적물 등을 분석하고 측정하면서 많은 자료가 쌓였고, 기후 모형도 점점 더 정교해져 왔다. 최근의 기후 모형들은 예전에는 거의 다루기가 어려웠던 변수들까지 다룰 수 있다. 예전에 비해 온난화를 억제하는 요인이 있다는 연구 결과가 줄어든 것은 모형이 점점 더 정확해지면서 현실을 좀 더 정확히 반영하게 된 때문이지, 자료와 연구 결과를 취사 선택한 탓이 아니다.

연구비 지원, 과학자의 자기 검열, 학술지의 취사 선택, 패러다임 전환 등의 개념을 들면서 온난화 연구 결과에 흠집을 내려는 이들은 근본적으로 온난화가 과학적 진리가 아니라 사회적 구축물이라는 생각을 품고 있다. 연구비를 더 따내려고 애쓰는 연구자들과 온난화를 옹호하는 쪽으로 연구비 예산을 늘리려는 정부 부처, 온난화와 관련된 상품을 파는 기업과 개인과 환경 단체가 공모하여 만들어 낸 것이라고 말이다. 즉 대중에게 위기 의식을 심어 줌으로써 이익을 얻는 이들이 만들어 낸 협잡이라는 것이다. 그들은 지금까지 그런 협잡을 저질러 온 쪽이 화석연료의 가격을 좌우하는 다국적 기업과 거대 자본이었음을 외면하고 있다.

『성장의 한계』가 인류의 미래에 관한 많은 의미 있는 내용을 담고 있었음에도, 몇 가지 잘못된 예측을 빌미로 집중포화를 해서 마치 헛소리인 양 치부하게 만든 것도 그들이었다.

온난화 위기를 경시하는 측은 지금처럼 온난화 위기가 실제로 일어나는 일이라고 널리 받아들여진 것이 거대 자본과 그들의 이익을

『성장의 한계』와 30년 후 현실의 비교 (그레이엄 터너 Graham Turner)

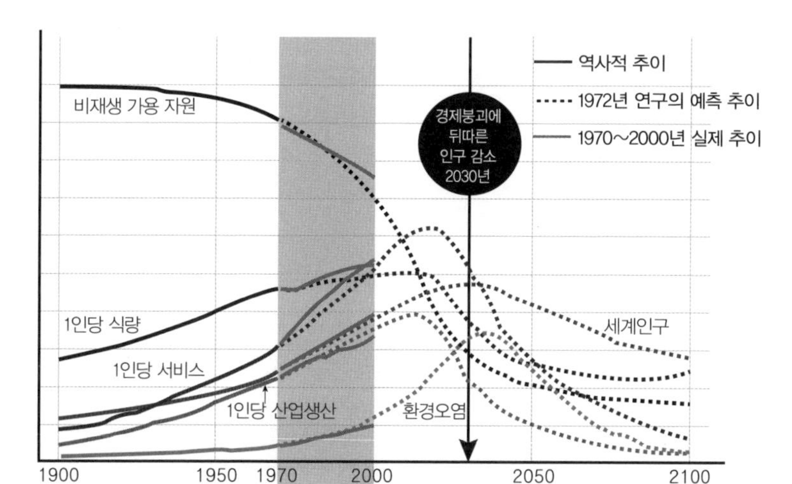

예측과 현실이 상당히 유사한 것을 알 수 있다.

옹호하는 정부의 반대 노력을 극복하고 이루어진 것임을 잊고 있다.

온난화 위기를 밝혀낸 것은 어떤 거대한 힘이 작용한 결과가 아니라, 수많은 헌신적인 연구자와 개인, 민간 단체의 노력 덕분이었다. 그리고 그것이 온갖 반박에도 불구하고 대중에게 받아들여진 것은 그 안에 진실이 담겨 있기 때문이다. 물론 모든 과학적 패러다임을 사회적 구축물이라고 보는 견해도 있지만, 온난화를 인정하는 쪽으로 사회의 흐름이 바뀐 것은 근본적으로 그것이 과학적으로 진실임이 드러났기 때문이다.

온난화의 심각성을 외면하는 이들은 수많은 측정 자료를 외면하고서 인류가 지금까지 경제 발전에 힘입어 구축한 성과물에만 초점을 맞춘다. 아마존 우림이 사라지고 있는 현실은 외면한 채 각국의 조림 활동으로 늘어난 숲 면적을 제시하면서, 봐라, 지구의 숲 면적이 줄어들었다고 말하지 말라는 식이다. 이는 원시림에 아직 우리가 알지 못하는 수많은 생물들이 살고 있다는 사실을 도외시한 주장이다.

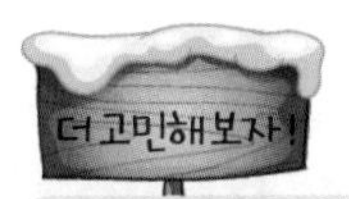

1972년 로마클럽이 내놓은 보고서인 『성장의 한계』는 인구, 자원, 환경, 성장의 관계를 종합적으로 검토한 책이다. 저자들은 맬서스가 『인구론』에 썼듯이, 식량 생산량 증가율이 인구 증가율을 따라가지 못할 것이고, 결국 자원이 고갈되고 환경이 파괴되어 인류가 위기에 처할 것이라고 예측했다. 하지만 농학자인 노먼 볼로그가 키가 작고 낟알이 더 많이 달리는 새로운 밀 품종을 개발하고, 그것을 토대로 이른바 녹색혁명이 일어나면서 상황이 바뀌었다. 새로운 곡물 품종이 보급되면서 몇 년 사이에 식량 생산량은 두 배 이상 급증했고, 인구는 오히려 대폭 늘어났다. 시장 경제를 옹호하는 이들은 이것을 환경론자들의 주장이 틀렸음을 보여 주는 대표적인 사례라고 말해 왔다. 하지만 최근 들어서 『성장의 한계』가 그저 시기를 잘못 제시했을 뿐이라는 주장이 설득력을 얻고 있다. 즉 녹색혁명은 위기가 찾아오는 시점을 조금 미루는 역할을 했을 뿐이라는 것이다. 농업 생산량 증대는 이제 한계에 도달하고 있으며, 녹색혁명이 식량 생산량을 늘린 반면에 많은 물과 비료를 써야 했기에 전 세계에서 물이 부족해지고 농경지가 척박해졌다는 것이다. 더 나아가 호주 연구자 그레이엄 터너는 널리 알려진 것과 달리 『성장의 한계』에는 20세기 말에 파국이 일어날 것이라는 예측이 없다고 말한다. 그 책에 실린 모형은 21세기까지를 다루고 있으며, 오히려 20세기 말까지의 실제 자료가 그 모형에 들어맞는다고 했다. 그렇다면 금세기 안에 일어날 것으로 예상되는 온난화 위기를 늦출 혁신적인 과학기술도 나올 수 있을까?

대책 마련

"온난화는 지금 당장 해결할 수 있다?"

온난화가 지금 추세로 계속된다면 실제로 파국이 닥칠 것이라고 해도, 인류는 얼마든지 문제를 해결할 수 있을 것이다. 우리는 지금 당장이라도 온난화 문제를 해결할 자원과 능력을 갖추고 있다.

우주에 거대한 차양을 띄워서 햇빛의 양을 줄이자는 좀 무지막지해 보이는 해결책도 있고, 화석연료를 원자력이나 핵융합 기술로 대체하자는 주장도 있다. 대형 화산이 엄청난 양의 이산화황과 입자를 대기로 뿜어냄으로써 지구를 냉각시키는 것에 착안하여 이산화황을 대기에 살포하자는 주장도 있다. 환경론자들은 이런 주장들을 받아들이기 힘들겠지만 말이다. 심지어 대량의 탄소를 심해에 저장하자는 주장도 있다.

물론 온난화 위기를 주장하는 이들이 내놓은 해결책도 있다. 에너지를 절약하고 에너지 효율을 높여서 화석연료 사용량을 줄이고, 그 대신에 에너지 친화적인 풍력, 조력, 태양광, 지열 같은 신재생 에너지원의 비율을 높이고, 단열 효과가 높은 건축 재료와 구조를 사용하자는 등 다양한 방법이 제시되어 있다.

즉 원한다면 우리가 쓸 수 있는 방법들은 많이 나와 있다. 그저 그렇게 하겠다는 의지를 갖고 실천하거나 관련 기술을 개발하기만 하면 된다. 하지만 모든 환경 친화적인 행동이 그렇듯이, 말로 하기는 쉬워도 실천하기란 쉽지 않다. 가장 큰 걸림돌은 우선순위다. 국가든 기업이든 개인이든 자신이 지닌 자원을 쓸 때 우선순위를 정한다. 가장 시급하거나 반드시 해야 할 일에 자원을 맨 먼저 할당하고, 그다음으로 중요한 일에 나머지 자원 중 일부를 할당하는 식으로 계획을 짠다.

집안의 백열등이나 형광등을 LED 전등으로 바꾸면 전기를 크게 절약할 수 있으며, 주택 지붕에 태양전지판을 설치하면 더욱 많은 전기를 절약할 수 있다. 그러면 화석연료 사용량도 줄어들 것이다. 자가용 대신에 자전거나 대중교통을 이용하는 것도 마찬가지다. 모든 사람이 실천을 함으로써 화석연료 사용량을 줄이고 대기 이산화탄소 배출량을 줄일 여지는 많다.

하지만 누구에게나 그렇게 하지 못하는 이유가 있다. 바쁘게 여기저기 돌아다녀야 하거나 이동 시간을 줄임으로써 더 중요한 일을 하는 이에게는 대중교통보다 자가용이 더 효과적일 수 있다. 형광등을 LED로 바꾸는 데에는 비용이 많이 들며, 태양전지판을 설치하는 데 드는 비용을 회수하려면 20~30년은 걸려야 한다.

정부와 기업도 마찬가지다. 미국 정부가 탄소 배출량을 단계적으로 감축하자는 교토의정서의 비준을 거부한 이유는 그 협정이 자국 산업에 제약을 가함으로써 국가 이익을 훼손할 것이라고 우려했기 때문이다.

개발도상국들이 탄소 배출량 감소에 소극적인 것도 마찬가지 이유다. 개발도상국의 입장으로서는 탄소 배출량 감축보다는 경제성장에 더 우선순위를 두는 것이 당연하다. 내전과 가뭄, 전염병

교토의정서

1992년 리우환경회의에서 채택한 기후변화협약을 이행하기 위한 협약. 1997년 일본 교토에서 작성되었고, 각 나라별로 온실가스 배출량을 언제까지 얼마나 줄여야 한다고 규정했다. 하지만 각국의 의견 차이가 심하고 비준하지 않는 나라도 있는 등 의정서가 제대로 이행될지 의구심이 제기되어 왔다. 의정서가 2020년에 만료될 예정이기에 새로운 의정서를 만들자는 논의가 현재 이루어지고 있다.

에 시달리는 극빈국에서 탄소 배출량 감소는 우선순위에서 한참 밀릴 것이다.

하지만 온실가스 증가에 따른 온난화가 정말로 인류에게 파국을 가져올 것이라는 점이 확실해지면, 세계는 얼마든지 우선순위를 바꿀 수 있다. 지난 두 차례의 세계대전 때 그랬고, 신종플루가 발병했을 때에도 규모는 작긴 하지만 세계는 그렇게 했다. 다른 곳에 쓰일 자원을 줄여서 시급한 문제 해결에 동원했다.

온난화의 위기도 정말로 우리가 실감할 수 있게 된다면, 세계는 얼마든지 자원을 총동원하여 대처할 수 있다. 중요한 것은 위기가 얼마나 확실하게 가시적으로 나타나는가다. 우리는 온난화의 영향을 조금씩 느끼고 있지만, 그것이 위기를 불러올 것이라는 기미는 거의 못 느낀다.

"위기가 닥쳤다는 것을 보여다오, 그러면 당장 해결하마"라는 주장은 온난화가 오랜 기간에 걸쳐 인류의 활동이 누적된 결과임을 도외시한 것이다.

산업혁명이 시작된 이후 1950년 이래로 인류가 대기로 배출한 탄소량은 5천억 톤에 이른다. 이렇게 늘어난 온실가스는 빙하를 녹이고 수온을 높이고 있으며, 이 과정은 하루아침에 중단시킬 수 있는 것이 아니다. 우리가 인류 사회에 미칠 심각한 타격을 무릅쓰고 지금 당장 화석연료 사용을 전면 중단한다고 해도, 온난화는 금세기 말까지 계속될 것이다. 대기로 배출된 온실가스의 수명은 50~200년에 이르기 때문이다. 지금 온실가스 배출을 전면 중단한다고 해도 이미 늦었다는 비관적인 견해를 내놓는 학자도 있다.

거기에다가 배출된 이산화탄소를 제거하는 방법까지 쓰면 되지 않겠냐고? 대기 이산화탄소는 어느 정도 자연적으로 제거된다. 일부는 바닷물에 녹으며, 일부는 수많은 식물이 흡수한다. 바닷물에는 화학 평형 과정을 통해 녹기 때문에 대기 이산화탄소 농도가 낮아지면 녹았던 이산화탄소가 다시 대기로 방출된다. 지금처럼 땅을 헤집고 화학비료를 쓰는 방식 대신에 잡초가 땅을 뒤덮도록 하고 부식토가 쌓이도록 하는 유기농법을 쓴다면, 경작지도 지금보다 더 많은 이산화탄소를 흡수하여 저장할 수 있다.

하지만 전 세계의 경작지를 유기농법으로 전환한다고 해도 연간 제거될 이산화탄소의 양은 기껏해야 수십억 톤에 불과할 것이다. 문제는 기온이 상승하면 토양의 유기물 분해도 활발해져서 저장되었던 탄소가 다시 대기로 방출된다는 것이다.

이산화탄소를 심해나 지하로 보내어 저장하는 방법도 제시되어 있다. 하지만 비용을 따질 때 그 기술은 그나마 화력발전소에서 배출되는 이산화탄소를 지하로 보내어 저장하는 수준에 그칠 가능성이 높다. 그 정도로만 한다고 해도 발전 단가가 꽤 높아질 것이므로 실현 가능성이 적다. 이런 점들을 고려할 때 인류가 배출한 수천억 톤의 탄소를 제거하기란 요원한 일이다.

온난화 문제를 언제든 해결할 수 있다는 주장은 가당치 않다. 교토의정서처럼 경제에 미치는 파장을 줄이면서 꾸준히 단계적으로 온실가스 배출량을 줄이자는 계획조차도 실질적인 온난화 억제 효과가 없다고 비판하는 이들이 많은 상황인데, 단번에 온난화 문제를 해결할 수 있다는 주장은 어불성설이다.

온난화 연구자들은 금세기 말까지 산업혁명 이후로 인류가 배출한 누적 탄소량을 1억 톤 이하로 줄이는 것을 목표로 내세운다. 그래야 기온이 2도 상승하는 수준에서 멈출 가능성이 높다고 보기 때문이다. 그 목표는 이산화탄소 배출량을 현재 수준에서 80퍼센트를 감축한다는 것을 의미한다. 현재 400ppm에 근접한 대기 이산화탄소 농도를 적어도 440ppm에서 멈추게 한다는 것이 목표다. 즉 우리의 1차 목표는 일단 상승 추세를 멈추는 것이지, 하향 추세를 만들어 내는 것이 아니다. 하향 추세로 돌입하여 기후학자들이 바람직하다고 보는 350ppm까지 이산화탄소 농도를 줄이는 일은 그다음에야 가능하다. 단숨에 해결할 수 있는 것이 아니라 많은 세월과 노력이 필요한 일이다.

위기는 닥쳐온다는 사실을 인정하고서 미리 대책을 준비할 때 대처가 가능하지, 별 문제 없을 것이라고 손 놓고 있다가는 이미 늦다.

온난화를 해결하려면 무엇보다도 이산화탄소를 비롯한 대기의 온실가스를 줄여야 한다. 하지만 쉬운 일이 아니다. 지금도 계속 늘어나고 있는 배출량을 줄이는 것조차 쉽지 않다. 각국의 이해 관계가 걸려 있는 복잡한 현안이기 때문이다. 그래서 과학자들은 대기 온실가스 농도를 줄이는 것이 아니라, 농도 증가 속도를 늦추어서 더 이상 높아지지 않도록 하는 것을 현실적인 목표로 삼는다. 그렇게 하는 데까지도 수십 년이 걸릴 것이라고 본다. 온난화를 억제하는 모든 조치를 지금 당장 취한다고 해도, 앞으로 수십 년 동안 점점 더 심각하게 계속될 피해를 막기는 늦었다고 보는 연구자도 있다. 대기 온실가스를 가장 빠르게 줄일 수 있는 방법이 뭐가 있을까? 또 그런 방법의 부작용은?

기후예측 모델

"일기 예보도 믿을 수 없는데 기후 모델을 어떻게 믿나?"

온실가스가 지구 평균 기온을 얼마나 상승시킬지를 예측할 때 연구자들은 다양한 기후 모델을 이용한다. 지구 전체의 대기를 일정한 크기의 덩어리로 나눈 뒤에, 각 덩어리에 햇빛, 바람, 이산화탄소, 수증기, 먼지, 지형 등등 갖가지 요소의 값을 입력하여 어떤 결과가 나오는지 살펴본다. 그런 다음 덩어리 사이의 상호 관계를 파악하여 지구 대기 전체의 변화를 추정하는 식이다.

개요만 보면 간단하지만 실제로 계산하기란 쉽지 않다. 요소들 사이에 온갖 상호 작용이 일어나기 때문이다. 이를테면 바람의 세기가 조금만 달라져도 대기 입자, 수증기, 구름, 식물의 증발산, 햇빛에 데워지는 정도, 온도의 분산 등 온갖 것들이 달라진다. 이런 상호 작용을 모두 살펴본다는 것은 사실상 불가능한 일이다. 인류는 아직 그런 복잡계를 다룰 능력을 갖고 있지 못하다. 슈퍼컴퓨터 수백 대를 동원해도 다를 바 없다. 따라서 기후 예측은 많은 불확실성을 안을 수밖에 없다.

그런 상황인데도 기후 모델은 점점 더 복잡해지고 있다. IPCC는 1990년 상대적으로 엉성한 기후 모델을 이용하여 금세기에 기온이 산업혁명 이전보다 2~4도까지도 더 오를 수 있다고 예측했다. 그 뒤로 IPCC는 점점 더 정교하고 복잡한 모델과 인구 증가와 경제 발전까지 고려한 다양한 시나리오를 이용하여 몇 년마다 수정된 온난화 예측 결과들을 내놓고 있다. 지금은 5차 보고서까지 나와 있다.

문제는 새 보고서가 나올 때마다 예측 온도 범위가 점점 늘어난다는 것이다. 4차 보고서에서는 금세기 말까지 기온이 1.1~6.4도까지 상승할 수 있다고 예측하고 있다. 1.1도는 온난화를 아예 걱정할 필요가 없는 수준이며, 6도는 지구 생물종의 95퍼센트가 사라진 페름기의 대멸종에 맞먹는 파멸이 일어나는 수준이다. 게다가 5차 보고서에서는 3.7~4.8도로 수정되었고 기후 불확실성을 감안하면 2.5~7.8도까지 변할 수 있다고 했다. 그러니 우리는 마음에 맞는 시나리오를 택할 수 있다. 위기 의식에 혹하는 사람은 6도 시나리오에 집착할 것이며, 현재에 충실하자는 이는 1도 시나리오를 받아들일 수 있다.

과거의 온난화 예측은 일반 순환 모델이라는 지구 전체의 대기를 다루는 단순한 모델을 주로 사용했지만, 현재의 연구자들은 대양과 대기의 관계, 수증기의 상승, 대기층의 경계, 사회경제적 변화 등을 다루는 다양한 모델들을 결합시켜서 복잡하기 그지없는 계산을 한다. 연구자마다 쓰는 모델도 다르며, 입력하는 자료도 다르다. 계산 자체는 슈퍼컴퓨터가 하기에 아무 문제도 없다. 그렇게 나온 결과들을 놓고 연구자마다 저마다 다르게 취사 선택하고 해석한다.

이 과정 하나하나에서 불확실성이 개입한다. IPCC는 그렇게 얻은 온갖 예측 결과들을 놓고 연구자들끼리 협의를 하여 보고서를 작성한다. 이 결과물이 과연 신뢰할 수 있는 것일까?

또 현재의 기상 예보를 보면 일주일 이후의 예측은 사실상 믿거나 말거나 수준이라는 것을 전문가들도 인정한다. 그런데 과연 10년, 수십 년 뒤의 기후 변화를 예측할 수 있을까?

기후 예측에 쓰이는 모델에 의구심을 제기하는 것은 사실상 제 얼굴에 침 뱉기나 다름없다. 우리는 사회의 모든 분야에서 예측 모델을 쓰기

때문이다. 5년 뒤의 경제 성장률은 어떻게 예측하는가? 국가 10개년 계획은 어떻게 세우는가? 기업의 5년 뒤 성장률은 어떻게 예측하는가? 10년 뒤의 산업 동향은? 20년 뒤의 인구 성장률과 연령 비율은? 5년 뒤 암 환자 증가율은? 주식 가치의 변화는? 모두 예측 모델을 써서 한다. 컴퓨터로 계산하는 모델을 쓰지 않고 미래를 예측하는 곳이 있다면 점집밖에 없을 것이다.

예측 결과를 좌우하는 데 주된 영향을 끼치는 변수가 적거나, 변수 사이의 상호 관계가 미약한 모델도 있다. 그런 모델은 비교적 예측 능력이 뛰어나다. 하지만 경제처럼 많은 요소들의 영향을 받는 분야를 예측하는 것은 기후 예측이나 별 다를 바 없다. 복잡계이기 때문이다. 모든 예측마다 오차범위를 제시하지만, 실제 결과가 오차범위를 넘어서서 예측이 실패하는 일은 얼마든지 일어난다.

그런 이유로 경제 성장 예측을 하지 않는가? 그렇지 않다. 우리는 예측을 하기를 원한다. 그 예측값은 목표 역할을 할 수도 있고, 현재를 판단하는 기준으로 쓰일 수도 있다. 비난의 화살을 돌리기 위한 대상이 될 수도 있다. 모델의 예측이 들어맞지 않으면, 우리는 더 많은 변수를 입력하고, 변수값을 좀 더 정확히 측정하고, 모델을 좀 더 정밀하게 다듬고, 현실에 더 부합할 듯한 다양한 시나리오를 세움으로써 예측의 정확도를 높이기 위해 더욱 노력한다. 미래 예측은 완결된 것이 아니다. 예측 자체도 진화한다.

예측한 기온 상승 범위가 넓어진 것은 그만큼 더 많은 변수들을 고려하고 더 다양한 시나리오를 가정했기 때문이지, 예측 자체가 더 불확실해졌다는 의미는 아니다.

6도 상승한다는 예측은 우리가 아무런 대책도 세우지 않은 채 지금처럼 화석연료를 쓰고 환경을 파괴하면서 살아간다고 가정했을 때의 결과다. 1도 상승한다는 예측은 온실가스 배출 억제에 힘쓰고 지속 가능한 삶을 택했을 때의 상황이다.

우리가 어떤 경로를 택하는가에 따라 기온이 상승하는 정도가 달라지는 것은 당연하다. 거기에 불확실성이 많다고 해서 예측 자체가 무용지물이라고 말할 수는 없다. 오히려 시나리오에 따라 예측값이 크게 달라졌다는 것은 그만큼 예측 모델의 정확성이 높아졌음을 반영할 수도 있다. 이런 예측을 믿지 못하겠다고 한다면, 온난화가 지역에 따라 경제에 도움이 될 것이라는 예측도, 농업 생산성이 증가한다는 예측도 믿지 말아야 한다.

한마디 덧붙이자면, 날씨 예보와 기후 예측은 다르다. 날씨는 각 지역의 지형에 큰 영향을 받기 때문에, 3일 이후의 날씨 예보는 정확도가 급격히 떨어진다. 하지만 기후 예측은 다르다. 적도에서 공기가 상승하고 극지방에서 하강하는 양상은 날마다 변하는 것도 계절마다 변하는 것도 아니다. 수백 년, 수천 년이 흘러도 변함없이 유지되는 과정이다. 지구 전체의 기후는 그런 장기 패턴을 토대로 예측하는 것이므로 단기적인 변화에는 덜 민감하다.

기후 변화를 논의할 때 과학은 역설적인 역할을 한다. 기후과학이 없었다면 우리는 온난화를 아예 몰랐을지 모른다. 진짜 심각한 피해가 코앞에 닥친 뒤에야 알아차렸을 수도 있다.

또 과학은 어떤 변수들이 관여하는지 파악하고, 대책을 수립하는 데에도 기여한다. 하지만 기후 같은 복잡계를 다루는 우리의 능력이 부족하기에, 연구를 하면 할수록 더 많은 의문과 불확실성이 도출된다. 그것은 우리의 예측 능력의 한계 때문이지, 온난화를 말하는 과학 자체를 못 믿는다는 뜻이 아니다.

미래 예측은 결코 쉽지 않다. 인간의 상상을 통해 나온 소설이나 영화에는 온갖 미래의 모습이 그려져 있다. 수십 년 전의 미국 드라마 〈스타트렉〉에 나온 트라이코더라는 장치는 스마트폰을 통해 실현되었고, 100여 년 전에 허버트 조지 웰스가 단편소설 〈데이비슨의 기이한 눈〉에 묘사한 지구 반대편을 보는 눈은 지구 반대편을 실시간으로 볼 수 있는 인터넷과 방송을 통해 구현되었다. 하지만 구체적으로 미래의 날짜를 지정해서 하는 예측들은 대개 맞지 않는다.

조지 오웰이 『1984』년에서 묘사한 모든 이들을 감시하는 빅브라더의 능력은 CCTV를 비롯한 갖가지 감시 장비가 난무하는 오늘날에야 실현 가능해졌다. 영화 〈백 투 더 퓨처 II〉에는 2015년 10월 21의 미래가 묘사되어 있다. 깡통 같은 쓰레기를 플루토늄 대신 연료로 쓰고, 날씨를 초 단위까지 정확히 맞추는 일기 예보가 이루어지는 시대라고 했다. 지금의 상황과 전혀 들어맞지 않는다. 하지만 과학자들은 먼 미래의 추세는 얼마든지 예측이 가능하다고 말한다. 물리 법칙에 따라서 태양이 앞으로 수십억 년에 걸쳐 점점 커져서 지구를 집어삼킬 것이라는 예측이 그렇다. 그렇다면 온난화의 시나리오는 어느 쪽에 가까울까? 예측이 좀 어긋나도 그저 결과를 잘못 예측한 것이 아니라, 도래할 날짜를 잘못 예측한 것일까? 아니면 예측 자체가 틀린 것일까?

온난화 정책

"선진국이 풀어야 할 몫이 더 크다?"

온난화가 인류의 책임이라는 말은 맞지 않다. 그 말은 오히려 책임의 소재를 불분명하게 만들기 때문이다. 온난화는 선진국 사람들의 책임이라고 말해야 정확하다. 산업혁명을 앞서 채택하여 경제 발전을 먼저 이룬 선진국들이 화석연료의 대부분을 사용했으니까. 아프리카의 가난한 나라나 남태평양의 작은 섬나라가 인류 전체에 피해를 입히는 온난화에 과연 얼마나 기여를 했겠는가!

한 조사 자료에 따르면, 1950~2000년에 가장 부유한 국가 10퍼센트가 개도국의 가장 가난한 나라 10퍼센트보다 이산화탄소를 155배 더 많이 배출했다고 한다. 1900~1999년에 걸쳐 배출된 이산화탄소 중에 미국이 30.3퍼센트, 유럽 연합이 22.1퍼센트를 차지했다는 연구 결과도 있다.

물론 최근 들어서 개도국의 경제 성장이 활발하게 이루어지면서 연 단위에서는 순위가 달라져 왔다. 2008~9년에는 중국, 미국, 유럽 연합, 인도, 러시아, 일본 순이었다. 한국은 9~10위를 차지했다. 하지만 온난화 대책을 내놓으라는 요구를 받을 때면 중국은 지금까지의 총배출량을 따져야 한다고 말한다. 현재 개도국에 온실가스 배출량 감축을 요구하는 것은 경제 발전을 억제하라는 말과 같다.

국가별 이산화탄소 배출량 (기후변화행동연구소)

국가	1990년 (10억 톤)	2009년 (10억 톤)	2010년 (10억 톤)	2010년 국가 순위	1990년 대비 (퍼센트)	2009년 대비 (퍼센트)
미국	4.99	5.04	5.25	2	5.2	4.2
유럽연합-27	4.35	3.94	4.05	–	-6.9	2.8
러시아	2.44	1.67	1.75	4	-28.3	4.8
일본	1.16	1.09	1.16	5	0.0	6.4
독일	1.02	0.79	0.83	6	-18.6	5.1
캐나다	0.45	0.52	0.54	8	20.0	3.8
영국	0.59	0.48	0.50	9	-15.3	4.2
한국	0.25	0.54	0.59	7	136.0	9.3
중국	2.51	8.10	8.94	1	256.2	10.4
인도	0.66	1.69	1.94	3	178.8	8.9

온실가스 배출량을 줄이려면 화석연료 사용량을 줄이고 대체 에너지 비율을 늘리고, 에너지 효율을 높이는 등 다양한 대책을 세워야 한다. 그러자면 기반 시설에 많은 투자가 이루어져야 하며, 그런 비용은 경제 성장률을 떨어뜨린다. 미국이 교토의정서에 서명하기를 계속 거부해 왔던 것도 바로 그런 이유에서였다.

세계가 공평하게 발전하려면 지금까지 온난화에 기여한 비율에 따라 선진국은 당장이라도 온실가스 배출량을 크게 감축하고, 개도국은 그만큼 산업이 발전할 여지를 주어야 한다. 그 방식은 모든 국가가 동등한 수준으로 발전하도록 돕는 역할도 할 수 있다. 또 온난화의 피해를 줄이는 방안이 될 수도 있다.

알다시피 온난화의 피해는 나라가 충분한 대책을 수립할 만큼 경제적 능력이 없을 때 더 심해진다. 그런 나라에서 가장 필요한 것은 인위적인 이주나 인구 억제보다는 경제 성장이다. 경제가 성장할수록 인구 증가율은 낮아질 것이고, 온난화에 취약한 지역에 대한 대책도 더 세울 수 있게 된다.

또 다른 측면에서 보자면, 우리의 생각과 행동은 자신이 자라고 살고 있는 지역에 얽매이기 마련이다. 우리가 남태평양에 있는 최고 높이가 2미터에 불과한 섬에서 살고 있다면, 기온 상승을 목숨과 터전을 위협하는 큰 문제로 여길 것이다. 반면에 거의 일 년 내내 얼음으로 뒤덮여 있는 북극 지방에 산다면, 기온 상승은 따뜻한 날이 늘어나는 바람직한 현상으로 받아들일 것이다.

자신이 살아오면서 겪은 경험에서 벗어나 이상적인 사고를 한다는 것은 어느 정도 가능할 수도 있지만, 그 생각을 실천에 옮긴다는 것은 다른 문제다. 온난화는 이상과 현실 사이에 괴리가 있음을 보여 주는 좋은 사례이며, 우리는 그 점을 인정해야 한다. 온난화라는 의제는 지금 당장은 선진국의 것으로 봐야 하며, 선진국부터 해결에 나서야 한다는 태도를 비난해서는 안 된다.

온난화 기여도를 고려할 때 산업이 발달한 선진국이 가장 큰 책임을 져야 한다는 것은 분명하다. 온난화에 별 기여를 하지 않은 태평양 도서 국가들이나 최빈국이 해수면 상승, 극심해진 홍수와 가뭄 같은 날씨 변화로 가장 큰 피해를 입고 있는 반면, 산업국은 온난화를 유발하면서 이룩한 경제 발전으로 온난화에 가장 덜 취약한 상황에 있다는 말도 맞다. 그래서 교토의정서도 산업국에 1차 온실가스 감축 의무를 지우고 있다.

하지만 개도국이 선진국으로 진입할 때까지 선진국만이 온실가스 배출량 감축에 노력해야 한다는 주장은 각국의 동등한 발전보다는 동등한 파멸을 불러올 가능성이 더 높다. 대기에 울타리를 칠 수는 없기 때문이다. 어느 나라에서 배출한 온실가스든 전 세계로 흘러가기 마련이다.

책임과 기여도뿐 아니라 온난화의 영향이 지역별로 다르다는 점도 온난화 대책 논의를 더욱 어렵게 만든다. 국토의 대부분이 얼음에 뒤덮여 있는 그린란드 같은 나라에서는 온난화를 오히려 반길 이들이 많을 것이다. 즉 온난화에 주된 책임이 없으면서 온난화를 오히려 반기는 제3의 입장을 가진 나라도 있다.

하지만 온난화 위기를 이야기할 때 우리는 지구 평균 기온이 특정 지역에 도움이 될 만큼 온화한 수준으로 오르는 상황을 염두에 두는 것이 아니다. 지구 전체의 기후가 변화하는 상황을 상정한 것이다. 그런 상황에서 어느 특정한 나라만이 이익을 볼 것이라고 예상할 수 없다. 지구 전체가 하나로 연결되어 있음을 점을 생각할 때, 세계 경제가 파탄 나는 상황에서 한 나라만 편안히 잘 지낼 수 있다는 생각은 잘못된 것이다.

자국의 책임과 피해, 이해 관계만 우선시하여 온실가스 감축 노력을 외면하면 공멸을 일으킬 수 있다. 온난화는 국경을 판단의 기준으로 삼고 경제와 환경을 분리하려는 노력이 헛된 일임을 보여 주는 좋은 사례다.

온난화 문제를 국가의 이해 관계 측면에서 바라보는 것은 한편으로는 그것을 과학적 진리로서가 아니라 사회적 구성물로 여기기 때문이기도 하다. 하지만 온난화의 위험은 밀고 당기는 정치적, 외교적 협상을 통해 좀 더 시간을 두고 느슨하게 대처해도 되는 그런 것이 아니다.

세계 경제의 불평등 측면에서 보자면, 선진국 위주의 온실가스 감축은 오히려 국가간 경제 불평등을 더 심화시킬 수도 있다. 온실가스를 감축하기 위해 노력하면서 선진국은 신재생 에너지원의 개발과 활용, 에너지 효율 증대 측면에서 새로운 기술을 개발할 것이고, 개도국은 결국 그 기술에 종속되는 결과가 나올 수도 있기 때문이다.

온난화를 억제해야 한다는 지구 차원의 대의는 자국의 경제 상황을 고려해야 한다는 현실과 갈등을 빚곤 한다. 이 문제를 해결할 묘안은 과연 없을까? 과학기술자라면 혁신적인 과학기술이 나오면 된다고 말할 것이고, 경제학자라면 시장에 맡겨서 가장 경제적인 해결책을 찾으면 된다고 주장할 것이다. 정부 관료라면 국가가 나서서 조정을 해야 한다고 볼 수도 있다. 어느 쪽 입장이 더 설득력 있는 해결책이 될 수 있을까?

비용 조절

"온난화 대책에 불필요한 비용을 쏟고 있지는 않나?"

온난화 위기가 심각하다는 측은 지금 당장, 혹은 단계적으로 많은 돈을 쏟아부어서 온실가스를 줄이는 방향으로 나아가야 한다고 주장한다. 하지만 그것은 먼 미래에 대비하겠다고 소득의 대부분을 보험에 왕창 들이붓는 것과 다름없다. 너무 비효율적이다.

비용 편익 분석을 해보면, 온난화로 발생할 비용은 많아야 5조 달러일 것이다. 반면에 더 이상의 온난화를 막겠다고 이산화탄소 배출량을 1990년 수준으로 억제하려면 비용이 4조 달러는 든다. 거기에다가 온난화 추세를 역전시키는 단계까지 나아가면 비용이 3~33조 달러 더 들 것이다. 즉 그냥 놔두어도 별 탈 없을 도로를 굳이 많은 돈을 들여가면서 보수하는 것과 같다.

현재 온실가스의 영향을 파악하는 연구에 들어가는 예산 중에서도 낭비되는 것이 많다. 바다와 대기, 기온과 수증기, 구름의 영향 등을 다루는 많은 연구들은 온난화 예측의 불확실성을 줄이기는커녕 더욱 늘리는 역할을 하고 있다. 또 온난화 연구 중에는 비용 효과를 따지지 않고 정치적, 이념적 고려나 그저 별 쓸모도 없는 기초 자료를 확보하기 위해 이루어지는 것들이 많다.

우리는 정부의 강제적인 대책이 없이도, 시장 자체가 문제를 해결하는 사례를 많이 보았다. 이산화탄소 같은 온실가스도 굳이 억지로 감축 목표를 세우고 실행하지 않고서도 시장 원리를 통해 얼마든지 감축할 여지가 있다.

이산화탄소 배출량은 주로 총에너지 소비량과 화석연료의 이용 비율을 통해 정해진다. 경제 규모가 커질수록 에너지 소비량은 계속 늘어난다. 그에 따라 연료 사용량도 늘어나면서 화석연료의 가격은 계속 상승하고 있다. 그러면 시장은 에너지 효율을 높이고 에

비용 편익 분석

비용이 얼마나 들고 얻는 이익은 얼마나 나올지를 살펴봄으로써 여러 계획 중 어느 것이 가장 좋은지를 따지는 방법. 돈으로 환산할 수 있는 항목만을 살펴본다는 단점이 있다.

너지원으로 전환하라고 압력을 가한다. 이미 대중은 자동차를 구입할 때 연비를 중요한 고려 사항으로 꼽고 있다.

현재 국내외의 많은 기업들이 태양전지 사업에 뛰어들었고, 경쟁이 치열하다. 그 결과 태양전지의 효율을 높이려는 노력이 극심하다. 전문가들은 앞으로 2~3년 내에 태양전지의 발전 단가가 화석연료와 같아지는, 이른바 그리드 패리티에 이를 것으로 내다본다. 태양광이 강한 사막 지역은 이미 그 단계에 이르렀다. 그것은 온실가스와 매연을 내뿜는 화석연료를 쓰라고 해도 쓰지 않는 시기가 온다는 의미다. 또 신재생 에너지는 고용 증가에도 기여한다.

현재로서는 태양광, 풍력, 조력, 지열 등 신재생 에너지원을 개발하는 일에 정부가 많은 보조금을 지급하고 있지만, 환경론자들이 주장하듯이 화석연료에 들어가는 보조금이 그보다 더 많을 수 있다. 하지만 시장 기능이 제대로 작동한다면, 자연스럽게 신재생 에너지원으로의 전환이 이루어질 것이다. 즉 굳이 탄소세 같은 다양한 온

그리드 패리티

신재생 에너지의 발전 단가가 화석연료를 써서 전기를 생산할 때의 발전 단가와 같아지는 시점. 예전에는 태양력 같은 에너지원이 화석연료를 대체할 만큼 대량의 에너지를 제공할 수 없을 것이라고 보았지만 기술 발전에 힘입어서 점점 그리드 패리티에 도달하고 있는 추세다.

실가스 배출 억제 제도를 만들어서 애쓰지 않아도, 시장 원리를 통해 에너지 효율이 높아지고 신재생 에너지의 가격 경쟁력이 높아지면서 탄소 배출량은 줄어들 것이다.

그리고 앞서도 말했듯이, 현재 세계 각지의 사람들에게는 온난화 대책보다는 상하수도, 제방, 보건위생 같은 사회 기반을 갖추는 것이 이른바 온난화의 피해를 줄이는 데 훨씬 더 도움이 된다.

비용 편익 분석만큼 환경론자들의 비판을 받는 것도 없다. 그것은 비용 편익 분석이 오로지 돈으로 환산되어 시장에서 거래될 수 있는 것만을 다루기 때문이다. 온난화로 야기되는 종 다양성 상실, 불평등 확대, 자원 갈등, 삶의 질 하락 등은 고려하지 않기 때문이다. IPCC가 보고서에서 비용 편익 분석을 뺀 이유도 그 때문이다. 시장 경제에서 도외시하는 그런 비용까지 고려하면 온난화로 인류가 치를 비용은 엄청나게 늘어날 것이다.

실제로 온난화를 막는 데 소요되는 비용을 현재 우선순위가 높은 쪽으로 돌리는 편이 더 낫다는 주장을 반박하는 연구 결과도 있다. 이 연구에서 온난화를 막는 행동을 전혀 하지 않았을 때 인류가 치르는 비용은 4조 8천 200억 달러였다. 한편 인류가 최상의 행동을 취했을 때 드는 비용은 4조 5천 750억 달러에 불과하다고 나왔다. 즉 온난화 대책에 들어가는 비용이 비외른 롬보르 같은 온난화 회의론자들이 말하는 것보다 많지 않다는 것이다.

회의론자들은 시장이 알아서 온실가스 배출을 줄일 것이라고 말할 때의 논리를 온난화 대책의 비용을 이야기할 때는 적용하지 않는다. 즉 효율 증가와 기술 발전을 통해 온난화 대책에 드는 비용도 줄어들 수 있다는 점을 외면한다.

월드워치연구소의 레스터 브라운은 연간 전 세계 군사비의 12퍼센트만 전용해도 이산화탄소 배출량을 80퍼센트 줄이고, 기아를 해결하고, 인구를 안정시키고, 파괴되어 가는 생태계를 복원할 수 있다고 말한다.

온난화 회의론자이 비용 편익 분석을 말할 때의 결론은 하나다. 그동안 온난화를 일으키면서 번 돈을 온난화를 억제하는 데 쓸 필요가 없다는 것이다.

자원이 한정되어 있으니 우선순위를 따져야 한다는 주장은 옳지만, 그들은 그런 주장을 펼칠 때 우선순위를 누가 정하느냐의 문제는 제외한다. 우선순위를 정하는 이들은 정치적 및 경제적 권력을 쥔 측일 가능성이 높기 때문이다.

그들에게 섬나라 같은 약소국에 큰 피해를 입힐 온난화의 대책과 자신의 이익 중 어느 쪽에 우선순위를 둘 것이냐고 묻는다면 당연히 자신의 이익을 택할 것이다. 그들은 온난화로 미래에는 이익을 보지 못할 것이라고 예측되어도 걱정하지 않는다. 현재 수익을 최대로 올린 뒤 그 이익으로 다른 사업 분야에 뛰어들면 되기 때문이다. 그들이 상하수도, 제방 같은 사회 기반 시설을 자주 이야기하는 것은 그런 사업이 돈벌이가 되기 때문이라는 점도 무시할 수 없다.

자원이 한정되어 있음을 들먹이면서 온난화 대책에 드는 비용을 가난과 위생 쪽으로 돌리자는 측은 가난과 위생에 가장 관심을 갖는 쪽이 오히려 환경 문제에 가장 많은 관심을 가진 단체와 기관, 사람이라는 점을 도외시하고 있다. 비용 편익을 따지면서 우선순위를 정하는 이들은 사실 환경뿐 아니라 위기가 닥치기 전까지는 가난과 위생 문제도 도외시한다. 탄소를 배출하면서 자신의 이익을 위해 애쓴 다국적 기업과 선진국이 제3국가 주민들의 가난과 위생에 언제 관심을 기울였던가?

환경론자들이 가난과 위생에 들어갈 비용을 엉뚱한 곳으로 돌리고 있다는 주장은 진정한 원인과 책임을 회피하려는 주장에 다름 아니다. 예전에 남의 가난과 위생에 대해 했던 것과 똑같은 술책을 지구 온난화에 대해서도 쓰고 있는 것이다.

경제와 환경의 균형을 맞추어야 하며, 과학자뿐 아니라 경제학자, 사회학자, 정치가들의 견해도 고루 들어야 한다는 말은 옳다. 문제는 현재 경제 수준이 웬만큼 이른 모든 나라는 그렇게 하고 있다는 점이다. 오히려 과학자의 의견을 무시하는 경향이 더 강하지, 과학자의 의견을 들어서 경제적 피해가 오는 방향으로 정책이 수립되는 사례는 거의 없다. 따라서 균형을 맞추어야 한다는 주장은 환경을 무시하는 기존 체제를 더 강화하자는 주장에 다름 아니다.

경제학에서 널리 쓰이는 비용 편익 분석이 환경이 주는 돈으로 환산할 수 없는 혜택을 고려하지 못한다는 비판이 많이 있어 왔다. 그래서 최근 들어 그런 요소까지 고려할 수 있도록 새로운 분석법을 제시하려는 시도가 많이 이루어지고 있다. 더 나아가 환경 보호와 경제를 조화시키려는 노력도 계속 이루어지고 있다.

그렇게 해서 성공을 거둔 사례들도 많이 있다. 특정한 해역을 어업 금지 구역으로 설정함으로써, 오히려 어획량이 늘어났다는 사례가 대표적이다. 지역 어민들은 남획으로 물고기의 씨가 말라가는 상황에서도 금지 구역 설정에 반대했다. 어업을 금지하면 소득이 줄어든다는 당면한 경제적인 이유에서였다. 하지만 금지 구역을 지정하자, 그 안에서 어류가 불어나면서 생태계가 살아났다. 불어난 어류는 금지 구역 너머로까지 진출했다. 어민들은 금지 구역 바깥으로 나오는 물고기만 잡아도 이전보다 어획량이 늘었다. 온난화 문제에서도 이렇게 환경과 경제를 조화시키는 방안이 있을까?

도덕적 입장

"경제 성장을 우선시해도 환경이 좋아질 수 있다?"

인류가 온난화를 일으켜 왔으며, 그 결과 인류 자신뿐 아니라 지구의 수많은 생물들이 위험에 처해 있다는 주장은 도덕적으로 우월하다. 수만 년에 걸쳐 거침없이 자연을 정복하고 파괴함으로써 지구를 지배하는 자리에 오른 인류가 환경과 생물 종, 그리고 지구 자체에 지닌 원죄 의식을 자극하기 때문이다.

평화와 자유에 찬성하고 기아와 파괴에 반대할 수밖에 없듯이, 환경 문제에도 찬성 이외의 태도를 취하기가 불가능하다. 바로 이점 때문에 온난화를 비롯한 환경 문제는 독특한 지위를 갖게 된다. 선한 의도가 곧 진리로 받아들여지는 사례가 종종 나타난다.

온난화의 영향이 없다는 쪽의 연구 결과를 거의 외면하는 『네이처Nature』나 『사이언스Science』 같은 저명한 과학 학술지도 그런 낌새를 풍긴다. 그런 연구는 다국적 기업이나 악덕 자본의 후원을 받아서 한 것인 양 보는 듯하다.

하지만 이해 관계에 얽매여 있는 것은 온난화를 옹호하는 쪽도 마찬가지다. 온난화의 영향을 연구하는 정부 기관으로부터 연구비를 지원받는 연구자가 온난화가 그다지 심각한 문제가 아니라는 결과를 내놓는다면, 더 이상 연구비를 지원받지 못할 것이다.

도덕적으로 옳은 입장이라고 해서 그것이 곧 진리가 될 수는 없다. 바로 지금 이 순간에도 온난화의 영향이 과장되었다는 내용의 연구 결과가 꾸준히 나오고 있다. 지난 30년 동안 관찰된 온난화 효과의 40퍼센트는 태양 활동 때문에 일어났다는 연구 결과도 있다. 인류가 온실가스 배출을 통해 온난화에 기여한 것은 분명하다. 하지만 그 영향은 미미한 수준이며, 우리가 아직 제대로 연구하지 않은 태양 흑점, 태양광 유입량 변화, 지구 대기 순환 등 자연적인 요인이 상당한 기여를 했을지도 모른다. 혹은 지구의 기온 변화가 더 큰 주기에서 일어나는 자연적인 것일 가능성도 얼마든지 있다.

이런 불확실한 점들을 외면한 채 온난화 위기를 과장하여, 우선순위를 변경시켜 사회에 정말로 시급히 필요한 계획이 미루어지거나 불필요하게 많은 비용이 대책에 쓰인다면 사회 전체에 큰 손해다. 그리고 로마클럽의 사례가 보여 주듯이 환경론자 자신의 도덕성도 훼손될 것이다.

우려한 상황이 벌어지지 않으면 환경론자들은 말을 바꾼다. 자신들이 미리 경각심을 일깨웠기 때문에 환경을 보호하려는 노력이 잘 이루어져 파국을 예방했다고 말한다. 하지만 대기 오염의 사례에서 알 수 있듯이, 대기질 개선은 오염 억제 노력보다는 주로 에너지 가격 상승에 따른 에너지 효율 상승과 석탄에서 석유로, 원자력으로 연료를 전환한 덕분이었다. 이 사례에서처럼 경제와 환경이 반드시 대립하는 것은 아니다.

경제 성장을 우선시해도 환경은 좋아질 수 있다. 재생 에너지 활용 기술이 발달하여 복잡하고 거추장스러운 화석연료 연소보다 태양광 발전 효율이 더 높아진다면, 얼마든지 그쪽으로 전환할 수 있다. 그러면 온난화도 자연스럽게 억제될 것이다.

도덕적으로 죄의식을 부추기는 말이 또 있다. 우리가 화석연료를 마구 낭비함으로써 미래 세대의 자원을 당겨쓰고 있으며, 온난화를 일으킴으로써 미래 세대에 짐을 안겨 주고 있다는 것이다. 그 말은

로마클럽

1968년에 학자, 기업가, 정치인 등이 모여서 설립한 민간단체. 인류와 지구의 미래를 연구하는 일을 한다. 1972년에 낸 보고서 『성장의 한계』로 유명하다.

우리가 미래 세대에 그 이상의 것을 물려준다는 점은 아예 무시되고 있다. 우리는 미래 세대에 새로운 세계와 자원을 탐색할 과학기술을 물려준다. 미래 세대는 그 과학기술로 우리보다 더 환경 친화적이고 지속적인 삶을 살 수 있고, 우주로 나아갈 수도 있다.

온난화에 이해 관계가 걸려 있다는 말을 부정할 생각은 없다. 인류가 하는 모든 일에는 자신의 이해 관계가 걸려 있다. 자신이 아니라면 자신의 후손을 위한 것이다. 문제는 그것이 개인의 사익을 위한 것인가, 사회나 인류 전체의 이익을 위한 것이냐다. 벼랑 끝에 매달린 사람을 목숨을 걸고 구하는 구조원이 그 순간에 자신이 사망했을 때 가족에게 나올 보험금을 생각한다고 해서, 그가 이해 관계에 매달린 사람이라고 비난할 수 있는가?

대의를 위해 일하는 이를 자신의 이익을 위해 일할 뿐이라고 폄하하는 것은 인류가 지금껏 쌓아 온 도덕이라는 고귀한 자산을 갉아먹는 행위다. 대의를 위해 싸우는 이들에게 헛짓거리 말고 너 자신만을 위해 살라는 말과 다를 바 없다.

대기질 개선, 수질 개선 같은 것들이, 환경 운동이 아니라 시장의 힘을 통해 이루어졌다는 주장은 실상을 제대로 보지 못한 것이다. 그것은 수많은 공장의 굴뚝에 설치된 오염 저감 시설과 수처리 시설을 외면한다. 그런 시설들은 기업에 상당한 비용을 안겨 준다. 그럼에도 기업이 굳이 그런 시설을 설치하여 대기와 물의 오염을 억제하는 것은 환경오염이 끼치는 피해를 걱정하는 사람들이 노력한 덕분이다. 산성비로 숲이 파괴되는 것을 막으려는 노력, 프레온 가스로부터 오존층이 파괴되는 것을 막으려는 노력, 고래가 멸종하는 것을 막으려는 노력이 꾸준히 이루어져서 얻은 성과를 못 본 척하는 것이다.

그런 이들은 기후 같은 복잡계가 이런저런 변수의 값이 조금 바뀌었을 때 전혀 다른 결과를 내놓는 것을 보고, 이렇게 살든 저렇게 살든 아무 상관없으니 그냥 지금처럼 살자고 말한다. 그렇게 현상 유지가 좋다고 주장할 때에는 개도국의 사회 기반 시설 지원, 기아 해결 같은 문제는 외면한다.

온난화 대책 같은 이야기가 나올 때만 그들은 그 돈을 저개발국의 상수도와 하수도 시설에 쓰면 더 많은 목숨을 구하고 삶의 질을 개선할 수 있다는 주장을 한다. 그것은 다른 곳에 쓰는 돈에 대해서는 아무 말도 하지 않는 반쪽짜리 주장이다. 정부가 다국적 기업을 지원하는 데 쓰는 돈이나 화석연료에 지원하는 돈이나 전쟁에 쓰는 돈을 차라리 저개발국을 지원하는 데 쓰면 더 낫지 않겠는가.

복잡계의 현상을 자신의 입맛에 맞는 쪽으로 해석하기는 너무나 쉽다. 그것이야말로 자본가, 다국적 기업, 정부 등 어떤 문제를 책임져야 할 당사자들이 책임을 회피하는 데 주로 써온 전통적인 수법이기 때문이다.

도덕이 허구를 정당화하는 수단이 되고 있다는 주장도 그들이 흔히 써온 수법이다. 온난화 위기론의 토대는 도덕이 아니라 과학이기 때문이다. 단지 우리는 환경 문제가 눈에 띄게 진행되어야만 그것을 알아차리는데, 과학은 그런 인식이 덜 성숙한 상태에서 급박하게 대중에게 전하고 정책을 수립하라고 요청하기 때문에 도덕이 크게 개입된다는 인상을 심어 줄 뿐이다. 도덕은 그 과학적 진리를 굳게 믿고서 위기를 해결하려는 동기를 불어넣을 뿐이다. 도덕 문제를 들먹거리는 것은 온난화 문제를 과학 연구의 산물이 아니라 일부 집단의 주장으로 여기게끔 하기 위함이다. 언제든 우선순위에서 아래쪽으로 밀어낼 수 있는 것으로 말이다.

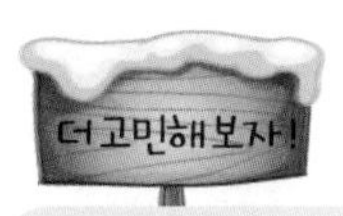

우리가 온난화 문제를 중대한 현안으로 여기는 주된 이유는 그것이 다른 생물이나 아주 먼 미래의 일이 아니기 때문이다. 바로 지금 살고 있는 우리 자신과 우리의 자식이나 손자손녀 세대가 직접 피해를 입는 대상이 될 것이기 때문이다. 우리가 일으킨 기후 변화로 다음 세대나 그 다음 세대가 큰 위험에 처한다면? 그 위험이 우리가 환경 파괴와 온난화를 일으키고 방치함으로써, 다른 생물들이 사라지고 생태계가 파괴됨으로써 찾아온다면? 그것은 우리 자신이 무책임한 존재라는 뜻이 된다.

사실 지금까지의 인류는 도덕과 책임을 논의할 때 주로 자기 자신과 자신의 자식, 그리고 가까운 친족과 소속 집단에 초점을 맞추어 왔다. 하지만 예를 들어, 수십 년 뒤에 인류에게 치명적인 감염병이 퍼졌는데, 우리가 오늘 없앤 아마존 우림에 그 병의 치료제를 제공할 수 있는 식물이 살고 있었다면? 우리는 그 식물, 아마존 우림, 더 나아가 지구 생태계를 보호해야 할 도덕적 책무도 지닌다고 할 수 있을까?

맺음말

철쭉, 벚꽃, 튤립 등 봄꽃축제를 여는 지방자치단체들은 고민이다. 온난화로 기후가 너무 변화가 심해져서 개화 시기를 예측할 수가 없기 때문이다. 2012년 봄에는 늦추위 때문에 보통 약 열흘 간격으로 피던 개나리, 진달래, 벚꽃이 동시에 피는 일이 벌어졌다. 여름에는 해수욕장의 개장 시기를 놓고서도 고민이며, 가을에는 단풍축제를 언제 열어야 할지 골치가 아프다.

우리는 이런 식으로 온난화가 미치는 영향 중 일부를 몸으로 체감한다. 하지만 온난화와 날씨 변화의 상관 관계를 설명하라는 요구를 하면 상황은 복잡해진다. 불확실하고 모르는 부분이 너무나 많기 때문이다. 그것은 온난화의 영향이 심하지 않다거나, 온난화와 날씨 변화가 무관하다는 주장의 근거가 된다.

온난화와 엘니뇨의 관계는 우리가 모르는 사항이 얼마나 많은지를 알려 주는 대표적인 사례다. 온난화로 엘니뇨의 발생 빈도와 지속 기간이 늘었다는 주장도 있고, 온난화가 엘니뇨를 약화시킨다는 주장도 있으니까.

엘니뇨는 동태평양 적도 해역의 해수면 온도가 평균보다 높아지는 현상으로서 엘니뇨가 심하면 열대성 저기압도 빈발하고 강해진다. 하지만 온실가스 농도와 평균 기온이 꾸준히 상승한 것과 달리, 엘니뇨는 해가 지날수록 더 강해진 것이 아니다.

엘니뇨가 가장 심했던 해는 1982년과 1997년, 2015년이었고, 그 밖의 해에는 그렇지 않았다. 따라서 엘니뇨는 온난화가 아닌 다른 추세를 보여 준다는 주장도 있다. 엘니뇨가 나름의 주기를 지닐 수도 있다는 것이다.

이렇게 기후 변화에 관한 우리 지식에는 빠진 부분이 너무나 많다. 그리고 그것은 온난화 문제를 외면하거나 축소하려는 빌미가 되기도 한다. 『쥐라기 공원』을 쓴 작가 마이클 크라이튼은 온난화가 일어난다는 것을 믿지 못하겠다고 했다. 복잡계와 혼돈 이론에 심취해 있던 그였기에 그런 결론을 내린 것도 이상하지 않다. 그는 기후 같은 복잡계가 어떤 행동을 할지 예측할 수 없다고 생각했으니 말이다.

하지만 우리는 미래의 기후를 어느 정도 확신을 갖고 예측할 수 있다. 10년 뒤의 4월 15일에 서울에 벚꽃이 필지 예측할 수는 없지만, 지금의 온난화 추세가 계속되다면 서울에 여름이 훨씬 더 덥고 길어질 거라고 예측할 수는 있다. 날씨와 달리 기후는 어느 정도 예측이 가능하다. 그것이 바로 많은 과학자들이 우리가 지금처럼 살면 대기 이산화탄소 농도가 650ppm 이상이 되어 기온이 4도 이상 올라갈 것이라고 예측하는 이유다. 또 온실가스 농도가 높아질수록 되먹임 작용으로 기후 변화가 가속될 것이라고 예측하는 이유다.

하지만 어느 누구도 그렇다고 단정하지는 못한다. 그런 일이 일어나지 않을 수도 있기 때문이다. 판단은 각자의 몫이다. 하지만 단순히 자료만 보면 착각을 일으킬 수 있다. 100년 동안 지구 평균 기온이 0.6도 올랐다는 문장만 보고서는 제대로 판단을 내리기 어렵다. 언뜻 보면 별것 아닌 듯한 그 숫자가 얼마나 큰 의미를 지니고 있는지는 온난화 논의의 전체 맥락을 알아야만 이해할 수 있다. 이 책이 그런 맥락을 이해하는 데 도움이 되었으면 하는 바람이다.

한 가지 덧붙이자면, 이 책에서는 온난화를 인류사회의 문제와 관련지은 주제들에서 의도적으로 경제와 환경을 대립시키는 각도를 취했다. 논의를 위해서인데 실제로는 양쪽이 반드시 이렇게 첨예하게 대립하는 것만은 아니다. 환경 난민의 사례에서 보듯이 환경 문제가 경제 상황을 악화시키거나 경제 문제로 환경이 더욱 심하게 파괴됨으로써 악순환이 일어나곤 하기 때문이다. 따라서 온난화 문제를 해결하려면 양쪽을 함께 고려해야 한다. 그래서 양쪽을 조화시키려는 시도도 많이 이루어지고 있다. 즉 경제와 환경이라는 일석이조를 이루고자 노력하는 이들이 많다. 그 방안을 찾는 것이야말로 앞으로 인류가 해결할 과제일 것이다. 그리고 올바른 해결책은 객관적이고 타당한 증거를 토대로 이성적인 논의를 거침으로써 나올 것이다.

도움 받은 책들

『6도의 멸종』, 마크 라이너스 지음, 이한중 옮김, 세종서적, 2014

『가이아의 복수』, 제임스 러브록 지음, 이한음 옮김, 세종서적, 2008

『거의 모든 것의 탄소 발자국』, 마이크 버너스리 지음, 노태복 옮김, 도요새, 2011

『기후 다이어트』, 조나단 해링턴 지음, 양춘승 옮김, 호이테북스, 2011

『기후변화의 정치학』, 앤서니 기든스, 홍욱희 옮김, 에코리브르, 2009

『기후의 역습』, 월드워치연구소 엮음, 생태사회연구소 옮김, 도요새, 2009

『너무 더운 지구』, 데이브 리 지음, 이한중 옮김, 바다출판사, 2008

『너무나 뜨거운 지구』, 조이타 굽타 지음, 황의방 옮김, 두레, 2005

『뜨거운 지구, 역사를 뒤흔들다』, 브라이언 페이건 지음, 남경태 옮김, 예지, 2011

『만화로 보는 기후변화의 모든 것』, 필리프 스콰르조니 지음, 해바라기 프로젝트 옮김, 다른, 2015

『새로운 생명의 역사』, 피터 워드, 조 커슈빙크 지음, 이한음 옮김, 까치, 2015

『앵그리 플래닛』, 레스터 브라운 지음, 이한음 옮김, 도요새, 2011

『엘니뇨: 역사와 기후의 충돌』, 로스 쿠퍼 존스턴 지음, 김경렬 옮김, 새물결, 2006

『인구 쇼크』, 앨런 와이즈먼 지음, 이한음 옮김, 알에이치코리아, 2015

『지구 온난화 이야기』, 팀 플래너리 지음, 이충호 옮김, 지식의 풍경, 2007

『지구 온난화 주장의 거짓과 덫』, 이토 키미노리 · 와타나베 타다시 지음, 나성은 · 공영태 옮김, 북스힐, 2009

『지구가 정말 이상하다』, 이기영 지음, 살림, 2007

『지구온난화』, 존 휴턴 지음, 이민부 · 최영은 옮김, 한울, 2007

『회의적 환경주의자』, 비외른 롬보르 지음, 김승욱, 홍욱희 옮김, 에코리브르, 2003